LA
SCIENCE ANECDOTIQUE

SOCIÉTÉ ANONYME D'IMPRIMERIE DE VILLEFRANCHE-DE-ROUERGUE
Jules Bardoux, Directeur.

LA SCIENCE ANECDOTIQUE

LIVRE DE LECTURE ET D'ÉTUDE

PAR

FÉLIX HÉMENT

Inspecteur général honoraire de l'Instruction publique
Lauréat de l'Académie française
et de l'Académie des sciences morales et politiques

DEUXIÈME ÉDITION

PARIS
LIBRAIRIE CH. DELAGRAVE
15, RUE SOUFFLOT, 15

1889

DU MÊME AUTEUR

Ouvrages couronnés par la Société pour l'instruction élémentaire, adoptés pour les distributions de prix dans les écoles de la ville de Paris, admis par la Commission ministérielle des bibliothèques populaires et scolaires.

Format in-12 :

Premières notions d'histoire naturelle. 18e édition, nombreuses figures, cart. .... 3 fr.
Premières notions de cosmographie. 5e édition, avec figures. 1 50
Premières notions de géométrie. 6e édition, avec figures. 1 50
Premières notions de physique et de météorologie. 4e édition, avec figures 3 50
Menus propos sur les sciences. 6e édition, avec figures. 3 50
L'aluminium .... » 25
Simple discours sur la terre et sur l'homme (couronné par l'Académie française) .... 3 »
De l'instinct et de l'intelligence (couronné par l'Académie française; prix Montyon), illustré .... 2 »
Questions d'enseignement primaire 2 50
Les étoiles filantes et les bolides 2 50

Format in-8° :

De l'instinct et de l'intelligence (couronné par l'Académie française; prix Montyon), illustré 3 50
Les infiniment petits, illustré 1 50
L'origine des êtres vivants, illustré 2 50
Tableaux géographiques, avec notice .... 15 »
La notice seule, illustrée, cartonnée .... 1 »
(Honoré d'une souscription du Ministère de l'Instruction publique.)
Tableaux astronomiques, avec notice. Six tableaux .... 10 »
La notice seule, illustrée, cartonnée .... 1 »

AVANT-PROPOS

Ce livre comprend deux parties distinctes : l'une technique et l'autre biographique. Dans la première se trouvent exposées les découvertes pour ainsi dire anecdotiques, c'est-à-dire celles qui se sont produites dans des occasions peu ordinaires, accompagnées de particularités curieuses, par suite de circonstances en apparence imprévues, de prétendus hasards heureux. Cette partie répond au titre de l'ouvrage ; elle en forme l'élément amusant et intéressant dont nous avons voulu nous servir pour amorcer l'attention et engager le lecteur dans une lecture profitable. Peut-être, après l'avoir attiré, parviendrons-nous à le retenir et à lui inspirer le goût de la science.

La partie biographique nous paraît devoir rendre des services plus importants. La vie des hommes célèbres est encore plus utile à connaître que leurs travaux. Le récit de leurs luttes douloureuses ou de leurs efforts persévérants dans la recherche de la vérité est un enseignement fécond et fortifiant; c'est ainsi que la morale doit être enseignée aux enfants, comme aux hommes réduits à l'état d'enfants par suite de leur ignorance. Le cours méthodique convient aux esprits mûrs et déjà cultivés.

Il importe de montrer à quel prix s'acquiert la gloire, et comment les découvertes ont été lentement préparées par l'étude, la réflexion, les recherches logiquement conduites. On croit trop aisément qu'une invention, une découverte est un produit spontané, tandis que c'est une éclosion dont la soudaineté apparente tient à ce qu'on ignore les causes qui l'ont amenée. Il n'y a qu'un moment où la fleur s'épanouit, mais l'épanouissement est le dénouement, le dernier acte d'un long travail latent préalablement accompli par tous les organes de la plante. Rien ne se fait sans un effort plus ou moins constant. Ce qu'on découvre sans peine ne vaut pas la peine d'être découvert.

Lorsque Newton trouve les lois de la gravitation « en y pensant toujours, » comme il dit lui-même, ne montre-t-il pas la nécessité et la puissance de l'application, même pour le génie? Et lorsque Franklin édifie sa fortune et sa grande renommée, ne démontre-t-il pas victorieusement l'importance du travail, de l'ordre, de l'esprit de suite, de la probité dans la conduite de la vie?

Il n'est pas non plus sans intérêt d'apprendre que

les hommes illustres ne sont pas exempts des faiblesses humaines. Pour grands qu'ils puissent être, ils n'en sont pas moins hommes. L'étendue et la vigueur de l'intelligence peuvent malheureusement se trouver associées à de la faiblesse de caractère, même à une certaine médiocrité de sentiments. Ainsi, il faut regretter les excès de piété de Pascal et constater que Galilée n'a pas toujours montré assez d'énergie. On est peiné de ce défaut d'harmonie dans l'âme de ces hommes qu'on appelle les grands hommes; on les voudrait grands par tous les côtés. Malgré nous, leurs défaillances nous surprennent et nous choquent. Encore est-il bon qu'on les connaisse. Nos jugements en seront plus équitables, parce qu'ils porteront sur l'ensemble de leurs qualités. Cela nous apprend en outre que la somme de bonheur dont chacun peut jouir dépend bien moins du talent ou du génie que de la pratique incessante du bien. Si donc nous voulons prendre les grands hommes pour modèles, c'est par les beaux côtés qu'il leur faut ressembler.

F. H.

LA SCIENCE ANECDOTIQUE

LIVRE DE LECTURE ET D'ÉTUDE

Archimède.

ARCHIMÈDE naquit à Syracuse (Sicile) l'an 287 avant l'ère actuelle[1]. Il était parent et ami de Hiéron, deuxième du nom, roi de Syracuse. Le nom de roi, qui rappelle pour nous le souverain placé à la tête d'une nation, s'appliquait

1. On ne sait rien de l'enfance d'Archimède ni de ses parents. Nous ignorons également comment il s'instruisit, s'il eut des maîtres ou s'il fréquenta des écoles.

alors à des chefs qui gouvernaient un petit territoire ou simplement une ville, comme on le voit par les rois de Sparte et de Syracuse. Il est vrai que Syracuse s'étendait sur un espace de trente-cinq kilomètres de tour et possédait une population qui avait varié de 500,000 à 1,200,000 âmes. C'était donc un petit État.

On peut se faire une idée de la puissance intellectuelle d'Archimède par le grand nombre de travaux ou d'inventions

La Vis d'Archimède.

La vis est coupée en long de manière à laisser voir l'intérieur. A chaque tour, l'eau qui remplit l'intervalle de deux spires s'élève d'une spire et finit par atteindre la partie supérieure.

auxquels son nom est attaché : la vis, le levier, les moufles, dans l'ordre des inventions mécaniques ; la spirale, le rapport de la circonférence au diamètre, le principe d'hydrostatique, le rapport du volume de la sphère au cylindre circonscrit, dans l'ordre des recherches mathématiques ou physiques. Cette diversité atteste que son habileté dans les arts mécaniques ne le cédait en rien à son génie mathématique, ou mieux, que son intelligence n'était pas moins propre aux choses pratiques qu'aux spéculations transcendantes. A ce point de vue, il n'est pas sans offrir quelque ressemblance avec Pascal. Constamment préoccupé de résoudre certaines questions de géométrie, on le voyait tracer des figures partout où il se trouvait, sur le sable, sur les cendres, et même sur son propre corps.

Leibnitz a eu raison de dire que ceux qui sont en état de comprendre les œuvres d'Archimède admirent moins les découvertes des plus grands savants modernes. On demeure, en effet, frappé d'étonnement lorsqu'on songe que tant d'admirables découvertes mathématiques et d'inventions mécaniques sont dues à un seul homme et que cet homme vivait il y a deux mille ans !

Archimède était plus particulièrement porté vers les études théoriques ; les sciences appliquées lui paraissaient aussi inférieures aux sciences pures que le travail manuel l'est aux conceptions de l'esprit. Cette opinion n'étonne pas chez un ancien, car on sait que les Grecs affectaient un certain éloignement pour les métiers. Platon disait qu'en tirant des applications de la géométrie on rabaissait cette science. Hiéron, lui, était loin de partager ces idées ; il ne cessait, au contraire, d'encourager Archimède à appliquer ses vastes connaissances à la solution de questions pratiques. Ce fut pendant un voyage en Égypte qu'Archimède inventa la vis qui porte son nom, et à l'aide de laquelle les marais du Nil furent desséchés. Les paroles qu'il aurait, dit-on, prononcées à propos du levier sont devenues banales : « Donnez-moi un point d'appui, et à l'aide du levier je soulèverai le monde. » Deux forces très inégales peuvent effectivement se faire équilibre par l'intermédiaire du levier si elles sont dans un rapport inverse de leurs bras de levier. Il inventa ce mode de groupement de poulies nommé *moufle*, à l'aide duquel il soulevait, au moyen d'un faible effort, des

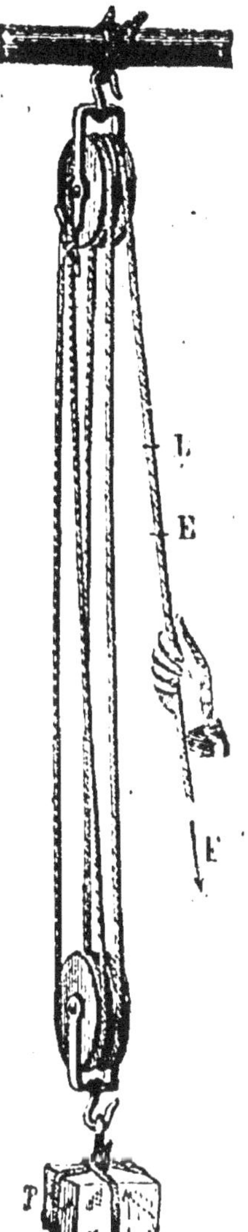

Moufle.

En tirant le cordon LE on élève le poids P, mais on l'élève en raison inverse du nombre des cordons ; la longueur LE dont on tire le premier se répartit sur les autres, de sorte que s'il y en quatre, le poids monte du quart de LE, mais par contre l'effort fait par la main n'est que le quart du poids soulevé.

corps d'un poids considérable. Cette multiplication apparente de la force semblait tenir du prodige; encore aujourd'hui le monde ne s'est pas familiarisé avec ce principe fondamental que *ce que l'on gagne en force on le perd en espace parcouru;* les machines sont pour le vulgaire des engins mystérieux qui ont le pouvoir d'accroître le travail mécanique de l'homme et des animaux. Pourtant elles sont d'un emploi courant, et chacun peut les voir fonctionner tous les jours.

Hiéron pria encore Archimède de construire des machines de guerre pour mettre, en cas de siège, Syracuse en état de défense, mais il n'eut pas la satisfaction de les voir utiliser. C'est seulement après la mort du roi, arrivée en 215 avant Jésus-Christ, que le consul Marcellus vint assiéger Syracuse et qu'Archimède, à lui seul, grâce à ses machines, tint tête à l'armée romaine pendant les trois années que dura le siège. Tantôt il lançait aux assiégeants une pluie de pierres, tantôt une nuée de traits qui les faisaient reculer. Les machines, abritées derrière les murailles, étaient placées de distance en distance, de telle sorte qu'en aucun point les Romains ne pouvaient approcher. La portée en était différente et avait été calculée de façon à atteindre l'ennemi soit au loin, soit tout près des remparts. Les Romains ne pouvaient guère s'avancer par mer jusqu'au pied des murs sans voir les galères saisies au moyen de puissants crocs, puis soulevées à une certaine hauteur, d'où on les laissait retomber. On raconte encore qu'Archimède incendia quelques-unes de ces galères au moyen de miroirs concaves qui, recevant les rayons solaires, en concentraient toute la chaleur en leurs foyers.

Marcellus, désespérant de pouvoir s'emparer de vive force de la ville, eut recours à la ruse et profita d'une fête célébrée par les Syracusains et qui les tint éloignés de leurs postes de défense. Il entra dans Syracuse en 212.

Tandis que les Romains se répandaient dans la ville, Archimède, absorbé par la recherche de la solution d'un problème, restait étranger au tumulte, ignorant la présence de l'ennemi dans les murs. C'est alors qu'il fut tué, on ne sait au juste de quelle manière, car il existe plusieurs versions sur sa mort. Mais si ces détails ne nous sont pas connus, on tient pour certain que Marcellus avait voulu le sauver et qu'il ressentit un vif chagrin de la mort de ce savant illustre.

Archimède, paraît-il, avait prié ses parents et ses amis de ne graver sur sa tombe qu'une figure géométrique qui rappelait un théorème dont la découverte lui avait causé une grande joie; cette figure est une sphère inscrite dans un cylindre, avec l'indication de la différence des deux volumes. Cicéron, pendant sa questure en Sicile, retrouva ce tombeau enfoui dans des broussailles; il le reconnut à la figure gravée dans la pierre et il le fit restaurer[1].

1. Polybe, Tite-Live, Plutarque; *Peyrard* (2 vol. in-8°, 1808), Montucla.

LE PRINCIPE D'ARCHIMÈDE

Nous possédons peu de documents sur la vie d'Archimède. Il y a cependant une anecdote qui a cours et que rapporte Vitruve[1] : « Hiéron, dit-il, voulut, après une heureuse entreprise, déposer dans un temple une couronne d'or. Il remit à un orfèvre une certaine quantité d'or exactement pesée et convint, pour le prix du travail, d'une somme énorme. A l'époque fixée, l'orfèvre livra au roi une couronne d'un travail fort délicat, dont le poids fut reconnu exact. Cependant, à quelque temps de là, on dénonça l'orfèvre comme ayant soustrait une partie de l'or, qu'il avait remplacé par autant d'argent. Hiéron, indigné, ne trouvait toutefois aucun moyen de convaincre le coupable. » La couronne était fabriquée, et il ne fallait pas songer à la détruire, même en admettant qu'il fût possible, après l'avoir détruite, d'en faire l'analyse. Peut-être Hiéron ne voulait-il pas non plus accuser publiquement l'artiste sur de simples soupçons. Selon son habitude, il eut recours à Archimède. Ce fut pour le savant l'occasion de nombreuses recherches et d'une préoccupation constante.

« Un jour qu'Archimède se trouvait au bain, il remarqua qu'il se déplaçait aisément dans l'eau, et comme si le liquide l'eût en partie soutenu; puis, observant que certains corps flottent, c'est-à-dire sont soutenus en totalité par le liquide, et qu'ils pénètrent en partie dans l'eau, d'autant plus qu'ils sont plus lourds, il en vint à penser que le poids de l'eau déplacée par les corps flottants est égal au poids de ces corps. Si donc un de ces corps plonge complètement et ne tend ni à monter ni à descendre,

1. Vitruve (Ier siècle), liv. IX, *Préface*. (*Choix de morceaux d'auteurs latins*, par Deltour.)

c'est qu'il pèse autant que l'eau. De là au principe qui porte son nom, Archimède n'avait plus qu'un pas à faire.

« Dans l'explosion de sa joie, il s'élança hors de sa baignoire, et sortit à demi vêtu, se dirigeant vers sa demeure, criant qu'il avait trouvé ce qu'il cherchait, et, de temps à autre, répétant en grec : *Euréka, euréka,* c'est-à-dire : *J'ai trouvé, j'ai trouvé!*

« Il commanda alors deux lingots de même poids que la couronne, l'un en or, l'autre en argent. Puis il prit un vase, qu'il remplit d'eau jusqu'au bord, et y plongea le lingot d'argent. Celui-ci, à mesure qu'il s'enfonçait, faisait sortir une quantité d'eau égale à son volume. Il retira alors le lingot d'argent et versa dans le vase, en mesurant exactement, autant d'eau qu'il en fallait pour le remplir jusqu'au bord. Il reconnut ainsi à quel poids déterminé d'argent correspondait une mesure d'eau déterminée. Après cette première expérience, il plongea le lingot d'or dans le vase plein d'eau, puis le retira, et, mesurant de la même manière la quantité d'eau sortie, il constata qu'elle était moindre que la première et que la différence en moins était égale à la différence de volume entre le lingot d'or et le lingot d'argent. Enfin, il remplit une dernière fois le vase et y plongea la couronne, qui fit sortir plus d'eau que le lingot d'or du même poids. Calculant alors, d'après la différence entre la quantité d'eau que la couronne avait fait sortir et celle que le lingot d'or avait déplacée, il reconnut combien il y avait d'argent mêlé avec l'or, et rendit manifeste le vol de l'orfèvre. »

*
* *

Aujourd'hui le problème de la couronne est aisément résolu par nos écoliers qui savent un peu d'algèbre. On sait que l'or pèse 19 fois plus que l'eau ; donc un objet en or pur ne doit peser, lorsqu'il plonge dans l'eau, que les $\frac{18}{19}$ de son poids. Pour l'argent, ce sont les $\frac{9}{10}$. Il est donc facile de savoir s'il entre dans un lingot d'or un métal autre que l'or et dans quelle proportion.

Démonstration et vérification du principe d'Archimède. — Si un corps plonge dans l'eau, il prend la place de l'eau qui occupait avant lui l'endroit qu'il occupe; il se fait, pour ainsi dire, un moule dans le liquide et le remplit. L'eau qui se trouvait là avant le corps était soutenue par l'eau environnante, bien qu'elle n'en fût pas distincte. Supposons, pour fixer les idées, que le corps déplace 10 litres d'eau, pesant 10 kilogrammes : ces 10 kilogrammes d'eau étaient supportés par l'eau enveloppante avant qu'on eût mis le corps. Maintenant que le corps tient la place de l'eau, cela n'empêche pas l'eau enveloppante d'exercer son effort ou sa pression sur le corps et de soutenir 10 kilogrammes du poids de ce corps, comme auparavant elle soutenait 10 kilogrammes d'eau. En un mot, *si un corps déplace une certaine quantité d'eau, il est poussé de bas en haut par l'eau qui l'environne, et cette poussée équivaut au poids de l'eau déplacée.*

Tel est le *principe d'Archimède,* et il est à peine nécessaire d'ajouter qu'on peut appliquer à tout liquide le même raisonnement.

Chaque litre de liquide déplacé par un corps allégeant le poids de ce corps du poids d'un litre de liquide, il s'ensuit naturellement que le corps sera d'autant mieux soutenu que le liquide sera plus lourd. Dans le mercure, par exemple, chaque litre déplacé diminuera le poids du corps de 13kg,6. Dans l'alcool (esprit-de-vin), au contraire, le corps sera moins soutenu que dans l'eau.

*
* *

On peut vérifier ce qui précède à l'aide d'une expérience fort simple. — On suspend à l'un des plateaux d'une balance un corps auquel on a donné, pour plus de commodité, la forme cylindrique. Dans le second plateau on place de la grenaille de plomb ou tout autre

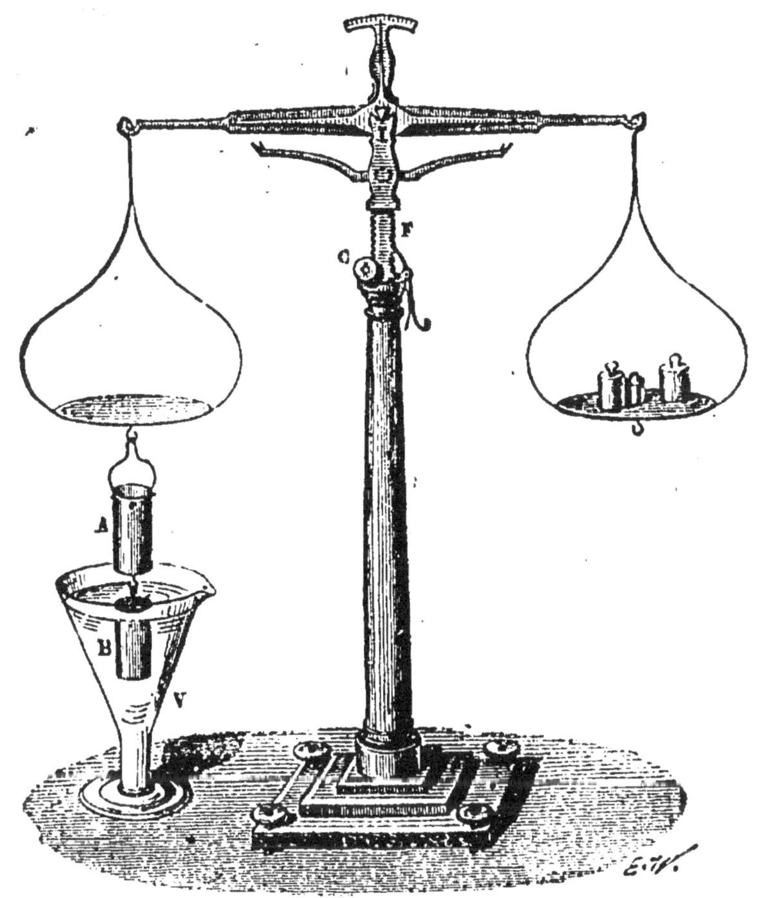

La balance dite hydrostatique.

B, cylindre plein surmonté de A, cylindre vide. — V, vase plein d'eau dans laquelle on fait plonger le cylindre plein, après quoi, pour rétablir l'équilibre, on remplit d'eau le cylindre vide.

En faisant tourner le bouton C dans un sens ou dans l'autre, on élève ou on abaisse la tige F, taillée en crémaillère, de manière à faire monter ou descendre les plateaux pour faciliter l'expérience.

corps, en quantité suffisante pour qu'il y ait équilibre. On glisse sous le corps suspendu un vase contenant de l'eau, et on dispose les choses de façon que le corps y plonge complètement sans toucher aux parois. L'équilibre cesse aussitôt, le fléau s'élève du côté du corps, ce qui met en évidence la poussée du liquide. Reste à évaluer cette poussée, ou, ce qui revient au même, à rétablir l'équilibre. Or il suffit pour cela de verser dans le plateau soulevé une quantité d'eau égale à celle qui est déplacée par le corps. Dans ce but on a un petit vase également cylindrique et dans lequel le corps s'emboîte exactement, c'est-à-dire que le volume du corps est égal à la capacité du vase. Il suffit donc, pour rétablir l'équilibre, de remplir d'eau le petit vase creux.

Afin de ne pas verser l'eau directement dans le plateau, on suspend d'avance le vase cylindrique creux au-dessus du cylindre massif, et on établit l'équilibre.

Ainsi, tout corps plongé dans un liquide tend à descendre, à cause de son poids, et à monter par la poussée du liquide. Si le poids l'emporte, comme il arrive pour une pierre, par exemple, c'est-à-dire s'il pèse plus que l'eau, il va au fond; si le poids et la poussée s'équivalent, c'est-à-dire si le corps plongé pèse autant que le liquide, — certains fruits sont dans ce cas, — il restera en suspension dans l'intérieur de ce liquide; enfin, si le poids est moins fort que la poussée, c'est-à-dire s'il pèse moins que le liquide, — ce qui a lieu pour le bois en général, — il surnagera, et la partie mouillée déplacera du liquide une quantité pesant juste autant que le corps.

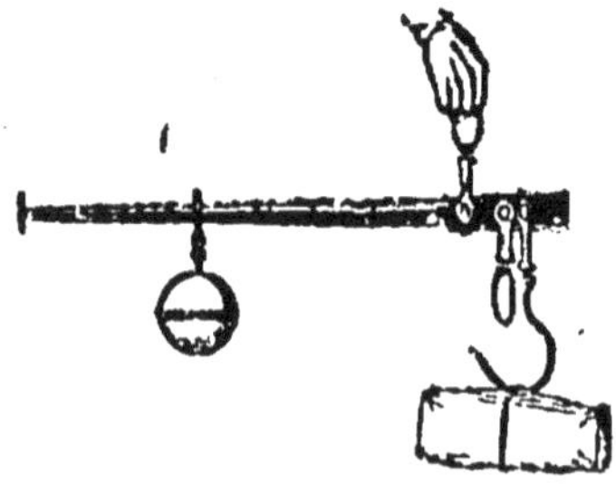

Galilée.

GALILÉE (en italien **GALILEO GALILEI**) naquit à Pise le 18 février 1564, jour de la mort de Michel-Ange; il mourut à Florence le 8 janvier 1642, jour de la naissance de Newton. Cette singulière rencontre ferait croire que la même âme s'est réincarnée dans trois personnes, qui furent trois hommes de génie et d'un génie de même nature, formant une chaîne non interrompue de cent soixante-huit ans.

Il fit ses premières études à Florence; en même temps il reçut de son père des leçons de musique, apprit le dessin, devint, grâce à d'heureuses dispositions naturelles, musicien distingué autant que dessinateur remarquable. Mais les beaux-arts, qui firent le charme de sa vie, ne suffisaient pas à la remplir. Il était d'une famille noble et sans fortune. Son père, espérant lui ouvrir une carrière lucrative, le destina à la médecine. Il l'envoya dans ce but à l'université de Pise.

Le jeune Galilée ne secondait pas les vues paternelles; les mathématiques et la physique avaient seules de l'attrait pour lui. Le professeur Ricci, un ami de sa famille, lui ayant donné quelques leçons de géométrie, il en éprouva une satisfaction très vive. La lecture d'Euclide le passionna; il comprit qu'il avait trouvé sa voie. Il fit de si rapides progrès dans les mathématiques, montra des aptitudes si remarquables et une si grande ardeur à cette étude, que son père ne songea plus à contrarier une vocation si impérieuse.

Galilée put alors se livrer sans contrainte à son penchant; il donna bientôt la mesure de sa brillante intelligence. Son coup d'essai fut un coup de maître. N'ayant encore que dix-huit ans, il découvrit le principe de l'égale durée des petites oscillations du pendule. C'était le point de départ de la mesure exacte du temps par l'application du pendule aux horloges.

A vingt-cinq ans il s'était déjà rendu célèbre par la résolution de certains problèmes. Le grand-duc de Toscane, Ferdinand Ier de Médicis, le nomma professeur à l'université de Pise (1589). Là il démontra que si les corps ne tombent pas également vite, cela tient à la résistance que l'air oppose à leur chute. Il exposa par la suite les lois de la chute des corps.

Galilée préconisait la méthode expérimentale et heurtait ainsi les opinions ou les préjugés qui avaient cours. Il le faisait d'ailleurs sans ménagement : aussi se vit-il bientôt en butte à la malignité des ignorants, des routiniers et des envieux. De là l'origine des persécutions dont il eut tant à souffrir et qui se manifestèrent d'abord sous la forme de calomnies. Ainsi, ses découvertes furent contestées ou attribuées à d'autres. Il dut quitter Pise; toutefois sa situation n'en fut pas amoindrie, car, grâce au patronage et à l'amitié de personnages considérables, il obtint la chaire de mathématiques, devenue vacante, à l'université de Padoue (1592).

Padoue dépendait alors de Venise; Galilée put donc sans crainte se montrer novateur hardi, et publia de nombreux ouvrages dans lesquels il exposa ses idées. Son enseignement eut un grand et légitime succès; ses nombreuses et remarquables découvertes n'y contribuèrent pas moins que ses brillantes leçons. Aussi ses fonctions furent-elles renouvelées à deux reprises, et chaque fois pour six ans. C'est pendant ce long séjour à Padoue (1592-1610) qu'il inventa le thermomètre (1597), le compas de proportion, et enfin la lunette qui porte son nom (1609). A propos de cette dernière invention, on raconte qu'il en eut l'idée pour avoir entendu dire qu'un

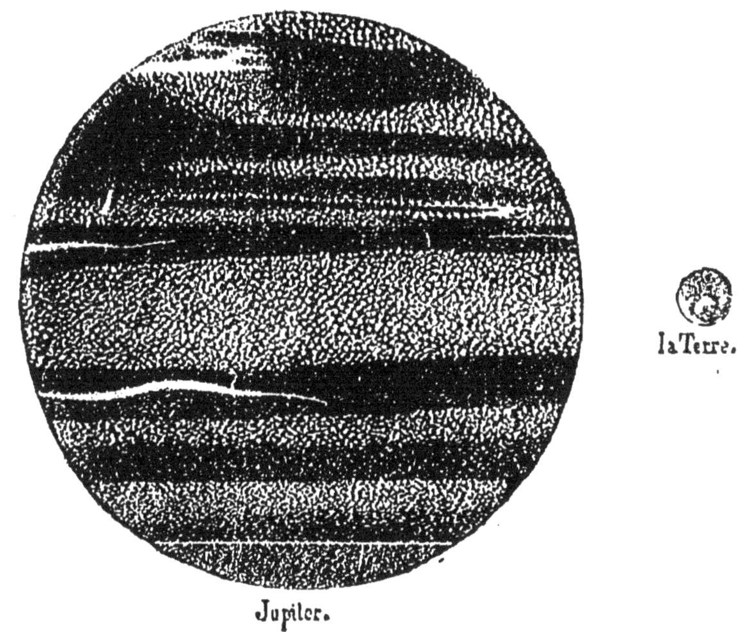

Grandeur relative de Jupiter et de la Terre.

Jupiter est la plus grande des planètes de notre système : son diamètre est 11 fois plus grand que celui de la Terre, son volume 1,279 fois plus grand, son poids 300 fois plus grand. — Sa distance moyenne du Soleil est de 200 millions de lieues; il tourne autour de cet astre en 12 ans, et sur lui-même en 10 heures. — Quatre satellites ou lunes tournent autour de lui.

Hollandais avait découvert un instrument consistant dans une ingénieuse disposition de lentilles, à l'aide de laquelle on pouvait voir les corps éloignés comme s'ils étaient voisins.

L'œil à la lunette, ce Christophe Colomb du Ciel entreprend un voyage d'exploration dans l'espace. Il découvre des mondes que nul n'avait vus avant lui. Il va du Soleil à la Lune, de la Lune aux planètes. Sur le Soleil il voit des taches, il les suit dans leur marche apparente et constate la rotation de cet astre; il fait connaître les montagnes de la Lune, la lumière cendrée, puis il découvre les phases de Vénus et les satellites de Jupiter. Rien ne lui échappe de ce qui est à la portée de son instrument, et de lui on peut dire plutôt que de Herschell : « Il rompit les barrières du Ciel[1]. » Il brisa la *voûte céleste* des anciens et sema dans l'espace les astres qu'on y croyait fixés.

Ces merveilleuses découvertes furent annoncées, au fur et à mesure qu'elles se produisaient, dans une publication régulière qu'il nomma *le Courrier du Ciel*[2]; le premier numéro parut en 1610. L'antique et étroite conception du Monde fut remplacée par une interprétation plus large. L'opinion d'Aristote sombra; le triomphe de Copernic fut assuré, et désormais la Terre abandonna un trône usurpé et prit un rang plus modeste parmi les planètes ses compagnes. Les représentants des idées anciennes se sentirent frappés mortellement et se liguèrent contre l'ennemi commun.

Si Galilée était resté à Padoue, nous aurions ignoré sa faiblesse. Malheureusement il céda aux instances de Médicis et un peu au désir de retourner à Florence. Ce fut sa perte. Il abandonnait une terre libre pour un pays soumis à la tutelle de Rome. Lui qui avait le génie en partage et qui était hardi autant que spirituel, il semble avoir manqué de caractère. Il voulut convaincre ses contradicteurs et ne fit que les irriter davantage. Une assemblée de théologiens, nommée par le pape, condamna sa doctrine et affirma, au nom de la foi et de la philosophie, l'immobilité de la Terre au centre du Monde et la révolution du Soleil autour d'elle. Comme Galilée se révoltait, on lui défendit de professer l'opinion condamnée.

Alors Galilée composa pour sa défense un écrit sous la forme d'un dialogue entre les partisans et les adversaires de sa doctrine. Ce travail, destiné au monde, devait être une œuvre de vulgarisation. Il y consacra de longues années, y mit tous ses soins, utilisant, au profit d'un savoir vaste et profond, les ressources d'un esprit ingénieux, fin et subtil et d'un style élégant, correct et pur. L'ouvrage parut en 1632

1. *Obrupit Cœlorum claustra,* inscription gravée sur la tombe de l'astronome Herschell.
2. *Nuntius Sidereus.*

et déchaîna toutes les colères. Malheureusement pour Galilée, un personnage de son dialogue, celui qui n'a pas le beau rôle, semblait représenter le pape Urbain VIII. — Galilée était d'ailleurs bien capable de cette malice. — Mal lui en prit; le pape, qui avait été autrefois son protecteur, lui garda rancune et fut impitoyable. Galilée fut mandé à Rome le 11 janvier 1633. Il comparut devant le tribunal de l'Inquisition et fut condamné à rétracter solennellement ses opinions; mais

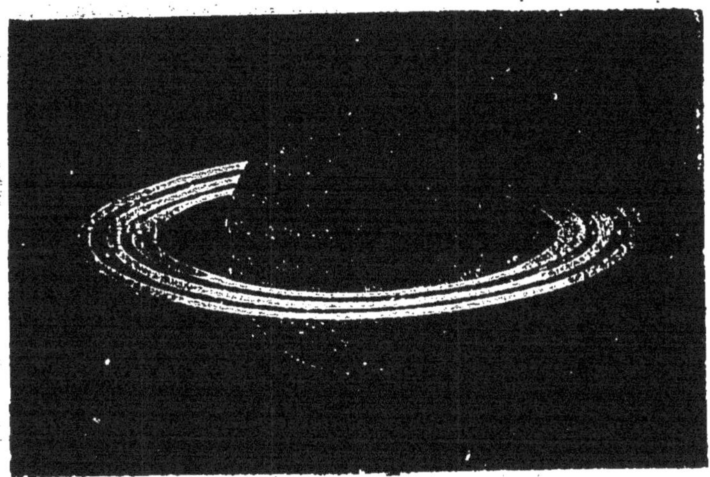

Saturne et ses anneaux.

Cette planète a un diamètre environ 9 fois plus grand que celui de la Terre; son volume est 719 fois plus grand que celui de notre globe, et son poids 92 fois plus grand. — Elle est située à 360 millions de lieues du soleil, autour duquel elle tourne en 29 ans. — Le plus grand des anneaux a 60 mille lieues de diamètre. — Les anneaux et la planète tournent sur eux-mêmes en 10 h. et demie. — Huit satellites ou lunes tournent autour de la planète.

il ne paraît pas, il est même certain qu'il ne subit aucune torture [1]. Quant à la prison où il était enfermé, c'était le palais de l'ambassadeur du grand-duc de Toscane à Rome, puis le magnifique palais de l'archevêque de Sienne, son ancien élève [2].

Cette rétractation est pénible : on pouvait s'attendre à plus d'énergie de la part de Galilée, malgré ses soixante-dix ans, devant des juges sans compétence et de parti pris.

Après cet événement, dont il fut fort affecté, Galilée n'en

1. Une lettre supposée a fait naître la légende de la torture.
2. Ce qu'on a appelé la captivité d'Arcetri.

continua pas moins à travailler, et publia divers ouvrages remarquables sur la résistance des matériaux, le mouvement des corps roulant sur les plans inclinés et sur diverses questions de mécanique.

L'illustre vieillard vécut encore quelques années en captivité, recevant ses élèves, ses disciples Viviani et Torricelli, ses amis et tout ce que Florence contenait d'hommes distingués. C'est là que Milton vint le voir en 1638. Néanmoins il supportait péniblement la gêne qui lui était imposée, car il était constamment sous le coup des menaces du saint-office. Les infirmités s'ajoutèrent à ses souffrances morales. A soixante-quatorze ans, il perdit ces yeux qui avaient découvert un nouveau ciel, et quatre ans plus tard il succombait, à l'âge de soixante-dix-huit ans (8 janvier 1642), dans les bras de son fils et de la seule de ses filles qui lui restât : l'aînée était morte peu auparavant[1].

1. Il avait eu de Marina Gamba trois enfants naturels : un fils, Vincenzo, et deux filles, qui furent religieuses. L'une d'elles, celle qui mourut la première tenait de son père par sa remarquable intelligence.

LES PETITES OSCILLATIONS DU PENDULE SONT D'ÉGALE DURÉE

Un jour de l'année 1583, Galilée, se trouvant dans la cathédrale de Pise, remarqua les balancements lents et réguliers d'une lampe suspendue à la voûte. Quoique l'angle d'écart fût très petit, l'arc décrit par la lampe était assez grand, à cause de la longueur du rayon, c'est-à-dire de la corde. Le mouvement était donc très apparent. A mesure qu'il se prolongeait, l'amplitude des oscillations décroissait lentement. Il eut donc tout le loisir d'observer un grand nombre d'oscillations d'amplitudes très différentes, et il lui parut que la durée était la même. Ainsi, à mesure que l'arc décrit diminuait, le mouvement était plus lent, l'espace parcouru et la vitesse diminuaient en même temps.

o

m

Pendule simple.

O, point de suspension. m, point matériel.

En réalité, il n'y a pas entre l'arc décrit et la vitesse un rapport tel que la durée de l'oscillation soit invariable, malgré la différence d'amplitude; mais les oscillations d'une amplitude quelconque au-dessous de dix degrés ont une durée si peu différente qu'on peut admettre qu'elle est la même. Ainsi les oscillations qui correspondent aux angles d'écart de 1°, 2°, 3°... 10°, sont d'égale durée ou *isochrones*.

* * *

Pour démontrer cette loi il faut recourir à l'appareil idéal que les physiciens nomment un *pendule simple,* c'est-à-dire réduire par la pensée le corps suspendu à un point matériel et supprimer le fil de suspension. Il faut supposer en outre qu'aucune résistance ne gêne le mouvement. Pendant qu'il se meut, le point matériel décrit le premier demi-arc en descendant et l'autre en remontant. La demi-oscillation descendante est une chute sur une pente en forme d'arc de cercle, pendant laquelle il acquiert la vitesse nécessaire pour remonter du côté opposé à la même hauteur.

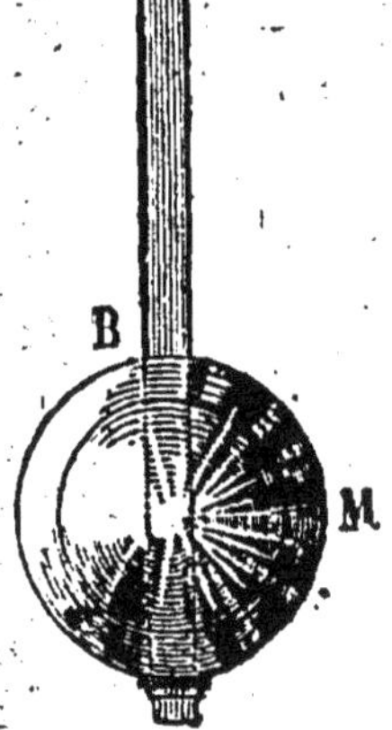

Balancier d'horloge ou pendule composé.
AB, tige. — O, point de suspension. — M, lentille ou disque.

*
* *

Cette découverte de Galilée fut le point de départ de la mesure exacte du temps. Il ne chercha à en tirer parti que cinquante ans plus tard, en 1633; mais c'est à Huyghens que l'on doit l'application du pendule aux horloges à l'effet d'en régulariser la marche (1657). Il n'est pas impossible que Galilée ait été conduit du mouvement pendulaire à celui de la chute libre d'un corps. Dans le premier cas, en effet, le corps tombe le long d'un arc de cercle; dans l'autre, il tombe suivant la verticale, mais toujours il tombe. Lors même qu'il touche déjà le sol, il peut se rapprocher davantage du centre. Ainsi, la pierre qui roule sur une pente, l'eau qui court dans la rivière, tombent comme la pierre qu'on tenait à la main et qu'on abandonne. Un corps tombe toutes les fois qu'il se rapproche de la terre, ou, plus exactement, du centre de cette dernière.

LOIS DE LA CHUTE DES CORPS

Aristote[1] croyait, et le monde savant avec lui, que la rapidité de la chute des corps dépendait de leur poids; que les plus lourds tombaient plus vite. Pourtant Lucrèce[2] dit que l'air et l'eau opposent une résistance inégale aux corps qui tombent et cèdent plus facilement aux plus lourds, mais que, malgré l'inégalité de leurs poids, ils tomberaient également vite dans le vide, parce que le vide ne saurait faire obstacle. Malgré Lucrèce, les idées d'Aristote s'imposèrent jusqu'à la fin du XVIe siècle, à l'avènement de la méthode expérimentale. Sur ce point comme sur tous les autres, la haute autorité de cet homme illustre arrêta le progrès scientifique.

*
* *

Galilée eut recours à l'expérience pour établir ce fait : que les corps tomberaient également vite s'il n'y avait pas d'air, ou, comme on dit, dans le vide; que la résistance que l'air oppose au mouvement des corps est la cause unique des différences qu'on observe dans la rapidité de leur chute. La tour penchée ou campanile de Pise se prêtait tout naturellement à l'expérience; cette tour est, en effet, inclinée de telle sorte qu'un fil à plomb descendant du bord du plus haut balcon s'écarte de la base de la tour d'environ quatre mètres. De la sorte, les corps en tombant du côté où la tour est inclinée s'éloignaient de plus en plus de la tour, ce qui rendait

1. Aristote, philosophe grec (384-322), dont l'influence a été si grande que sa doctrine s'est maintenue pendant dix-huit siècles, non sans détriment pour la science, à laquelle il a pourtant rendu de grands services.
2. Lucrèce, poète latin (98-55) : *de la Nature*, l. I, 330-370.

Tour ou campanile de Pise.

l'observation plus facile; la hauteur de la tour, étant de 55 mètres, permettait de laisser tomber les corps de hauteurs différentes et assez grandes.

Du haut de la tour, Galilée laissa tomber des billes de même grosseur, mais de matières différentes. Il les choisit de manière que les poids fussent très variés: c'était de l'or, du plomb, du cuivre, du marbre, de la cire. Toutes, sauf celle en cire, arrivèrent au sol à peu

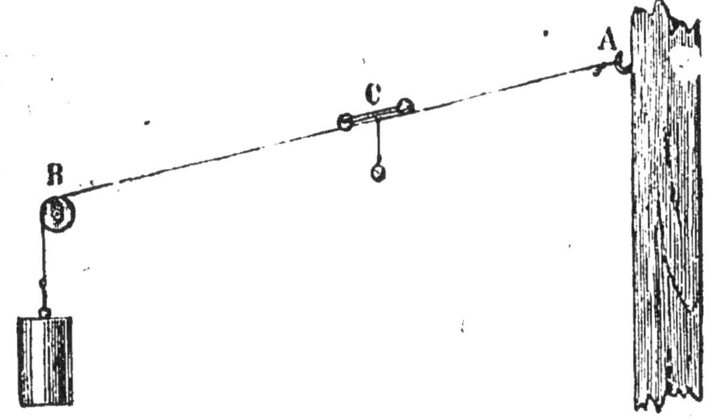

Plan incliné pour observer les lois de la chute des corps en ralentissant la chute.

AB, fil tendu par un poids. — C, chariot roulant sur le fil et figurant un corps quelconque.

près au bout du même temps. La résistance de l'air s'était surtout fait sentir sur cette dernière. Il en conclut que l'action de la terre est la même sur tous les corps. Ce fut là le point de départ de la découverte des lois de la chute des corps.

Comme la chute verticale est très rapide, il imagina de faire tomber les corps en leur faisant suivre une pente ou plan incliné. Il faisait courir des billes le long d'une rainure pratiquée dans une pièce de bois, le frottement étant aussi faible que possible. La marche du mobile se trouve ralentie, et d'autant plus que la pente est moins rapide; mais la loi du mouvement est la même que dans la chute verticale. C'est comme si le mouvemont était déterminé par une force du même nature, mais plus faible que la pesanteur, un diminutif de pesanteur, si l'on peut parler ainsi.

Tous les corps doivent tomber avec la même rapidité, puisque c'est la même cause qui détermine leur chute; s'il n'en est pas ainsi, ce n'est pas à la terre qu'il faut l'attribuer, mais à l'air qui ralentit la chute, et d'autant plus que les corps offrent une plus large surface. En voulez-vous une preuve bien simple? Prenez une feuille de papier et laissez-la tomber : elle flottera dans l'air assez longtemps avant de toucher la terre. Ceci fait, reprenez-la et froissez-la dans votre main de manière à en former une boule; il n'y a pas plus de papier qu'auparavant, et par conséquent pas plus de poids; pourtant la boule arrivera beaucoup plus vite à terre. — Voici une autre expérience très facile : prenez une pièce de monnaie, découpez un rond de papier de même grandeur, et laissez tomber séparément la pièce de monnaie et le disque de papier : vous constaterez une grande différence dans la durée de leur chute; placez maintenant le disque de papier sur la pièce de monnaie, puis laissez-les tomber tous deux ensemble : ils ne se sépareront pas; ils arriveront ensemble sur le sol, la pièce de monnaie, qui est plus lourde, ayant déplacé l'air sur le passage du papier.

***

Tube de Newton.

Une expérience due à Newton permet de démontrer directement que tous les corps tombent avec la même rapidité dans un espace vide d'air. On prend un long tube de verre dans lequel on introduit des corps de poids différents, tels qu'une balle de plomb, une balle de sureau et une plume d'oiseau. Si l'on retourne le tube, on voit que la balle de plomb arrive la première au bas du tube, suivie à inégale distance de la boule de sureau et de la plume; mais quand l'air a été extrait, ou, selon l'expression consacrée, quand le vide a été fait, les trois corps parcourent la longueur du tube les uns à côté

Expérience de la chute des corps.

Le disque de papier est placé sur la pièce de monnaie ; ils arrivent ensemble sur le sol.

des autres et arrivent en même temps à l'autre extrémité. Donc *tous les corps sont également attirés par la terre,* et s'ils ne tombent pas également vite, c'est à la résistance de l'air qu'il faut l'attribuer.

*
* *

L'emploi des parachutes est fondé sur la résistance de l'air, ainsi que celui des régulateurs à palette dans les tournebroches. C'est pour diminuer beaucoup cette résistance qu'on met une lentille au lieu d'une boule aux balanciers d'horloge.

*
* *

La chute d'un corps une fois commencée, le mouvement s'accélère, la vitesse du corps croît, et les espaces qu'il parcourt croissent également. Dans la première

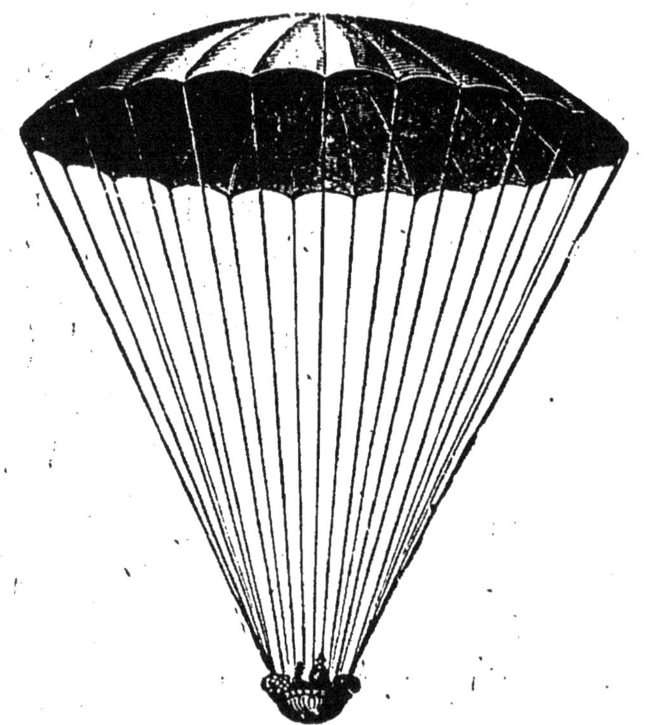

Parachute avec nacelle.

seconde de la chute, le corps parcourt $4^{m},9$; dans la deuxième seconde, il en parcourt 3 fois plus ou $14^{m},7$; dans la troisième, 5 fois plus ou $24^{m},5$; et ainsi de suite, selon l'ordre des nombres impairs. Si, au lieu d'évaluer les espaces parcourus d'une seconde à la suivante, comme nous venons de le faire, on compte l'espace parcouru depuis le commencement, il est facile de voir que le mobile, ayant parcouru $4^m,9$ dans la première seconde et 3 fois autant dans la deuxième, aura parcouru dans les deux premières secondes $4^m,9 + 3$ fois $4^m,9$, en tout 4 fois $4^m,9$ $(4 \times 4^m,9)$; s'il a parcouru $4^m,9$ dans la première, 3 fois autant dans la deuxième, 5 fois autant dans la troisième, il aura parcouru dans les trois premières secondes de chute $4^m,9 + 3 \times 4^m,9 + 5 \times 4^m,9$, en tout 9 fois $4^m,9$ $(4,9 \times 9)$.

Les espaces parcourus sont donc :

Dans la première seconde .... $4^m,9$;
Dans les deux premières secondes .... $4^m,9 \times 4$;
Dans les trois premières secondes .... $4^m,9 \times 9$.

Comme 4 est le carré de 2, et 9 le carré de 3, on voit que :

Les espaces parcourus sont proportionnels aux carrés des temps employés à les parcourir.

C'est une des lois de la pesanteur, qu'on nomme *loi des espaces.*

On peut maintenant résoudre le problème qui consiste à chercher la hauteur d'un édifice ou la profondeur d'un puits, connaissant le temps qu'un corps met à tomber du toit de cet édifice jusqu'à terre, ou de la margelle jusqu'au fond du puits. Il n'y a qu'à élever au carré le nombre des secondes qui représente la durée de la chute et à multiplier le nombre ainsi trouvé par $4^m,9$.

*
* *

Quant à la vitesse, elle est de $9^m,8$ au bout de la première seconde ; elle est double, soit $9^m,8 \times 2 = 19^m,6$ au bout de deux secondes, triple au bout de trois, etc. C'est ce qu'on exprime en disant :

La vitesse d'un corps qui tombe est proportionnelle au temps de la chute.

Telle est la loi de la pesanteur dite *loi des vitesses.*

LA LUNETTE DE GALILÉE

La lunette de Galilée est aujourd'hui plus connue sous le nom de lorgnette de spectacle et de jumelle, lorsqu'elle est doublée et qu'il y a une lunette pour chaque œil. L'oculaire divergent renverse, en la redressant et en l'agrandissant, l'image formée par l'objectif. Pour obtenir ce résultat, l'oculaire est placé à une distance de l'objectif sensiblement égale à la différence des distances focales principales, ou, si l'on veut, le foyer de l'objectif

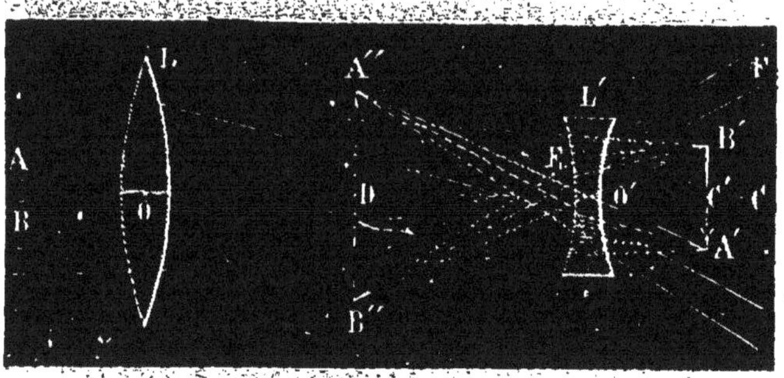

Lunette de Galilée.

OL, objectif. — O'L', oculaire. — A'B', image réelle de l'objet, que formerait l'objectif à son foyer c', sans l'interposition de l'oculaire. — A''B'', image virtuelle de A'B'. On n'a pas figuré le tuyau, mais seulement les deux verres, OL, O'L', et la marche des rayons pour expliquer la formation des images.

coïncide à peu près avec le foyer virtuel de l'oculaire. De cette manière les rayons qui allaient converger au foyer de l'objectif pour y former l'image réelle sont arrêtés, avant leur concentration, par l'oculaire, qui les rend à peu près parallèles de convergents qu'ils étaient, puis divergents à leur sortie.

La divergence des rayons oblige l'observateur à placer l'œil le plus près possible de l oculaire, afin de recueillir le plus grand nombre possible de rayons. En un mot, la lunette a peu de *champ;* c'est là l'inconvénient qu'elle présente. On obtiendra d'autant plus de lumière que l'objectif sera plus grand. Quant au gros-

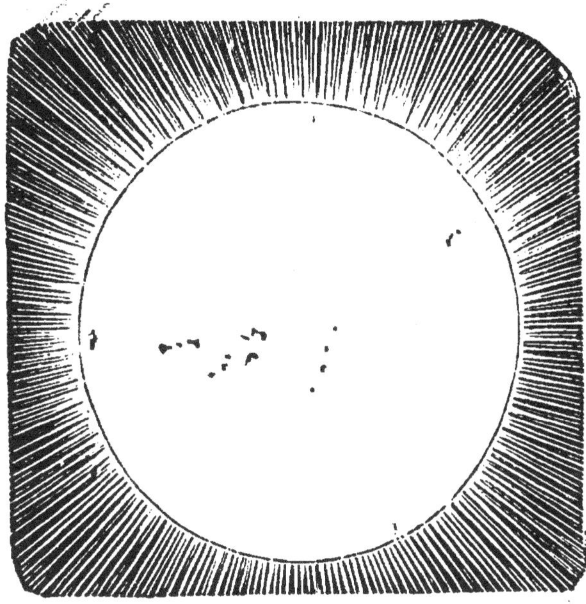

Soleil avec taches.

Le diamètre du Soleil est environ 110 fois celui de la Terre, son volume 1,300,000 fois plus grand que celui de notre globe, son poids 350,000 fois plus grand. — Il tourne sur lui-même en 25 jours. Sa distance à la Terre est de 38 millions de lieues.

sissement, il est exprimé par le rapport des distances focales.

Pascal.

PASCAL (Blaise) naquit à Clermont[1], alors capitale de l'Auvergne, aujourd'hui chef-lieu du département du Puy-de-Dôme, le 19 juin 1623. Son père était président de la *Cour des aides*[2] et consacrait à l'étude des sciences les loisirs que lui laissaient les occupations de sa charge; c'était un homme supérieur. Sa mère était une personne fort distinguée, qu'il connut à peine, car elle mourut lorsqu'il n'avait encore que trois ans. La famille Pascal jouissait d'un juste renom d'intelligence et d'honnêteté.

1 On écrivait autrefois *Paschal* et *Clairmont*, l'un et l'autre plus conformes à l'étymologie.
2. Cour ou tribunal qui jugeait en dernier ressort les questions relatives à certains impôts.

2.

Dès sa plus tendre enfance, Pascal montra une précoce et vive intelligence. Il étonnait par ses questions et ses reparties; aussi son père ne voulut-il confier à personne le soin de l'élever. Lui seul s'en chargea, d'abord parce que son fils était merveilleusement doué, puis parce que c'était son fils unique. Pascal était âgé de huit ans lorsque son père quitta Clermont et vint à Paris, afin de se consacrer exclusivement à l'éducation de son fils et à des travaux scientifiques.

A l'encontre de ces enfants qui, après avoir montré un esprit très délié, deviennent par la suite des sujets ordinaires, Pascal tint en grandissant les promesses de ses premières années : son intelligence resta toujours aussi ouverte et aussi vive, et son penchant toujours aussi marqué pour toute étude qui présentait un caractère de netteté, de précision et de rigueur, comme celle des mathématiques. Lorsque son père lui donnait ce que nous appelons aujourd'hui les *leçons de choses,* — car, si le nom a changé, la chose existait déjà et même bien avant, — il ne se contentait pas de semblants d'explications; et si les explications qu'on lui donnait ne le satisfaisaient pas, il en cherchait d'autres lui-même.

Il fit en géométrie des progrès si surprenants que son père l'autorisa à assister aux réunions de personnes habiles dans les sciences, qui se tenaient dans la maison paternelle. Il y tint honorablement sa place, malgré son jeune âge, et frappait d'étonnement l'assistance lorsqu'il dissipait les obscurités de la discussion par les éclairs de son génie. Il avait plutôt fait d'inventer que d'apprendre, et ses inventions n'étaient pas moins remarquables par l'originalité que par la profondeur. A seize ans il fit un *Traité des coniques*[1] qui passa, nous dit sa sœur, Mme Périer, pour être un si grand effort d'esprit qu'on disait que depuis Archimède on n'avait rien vu de cette force.

Quelque temps après, il inventa une *machine* dite *arithmétique,* à l'aide de laquelle on pouvait exécuter mécaniquement les opérations de l'arithmétique. Il se proposait ainsi d'éviter de grandes pertes de temps consacré à des calculs fastidieux.

Tant d'application et un travail intellectuel si intense devaient occasionner des désordres dans son organisation déjà

1. On nomme *coniques* les diverses courbes : *parabole, ellipse, hyperbole*) qu'on obtient en coupant un cône (volume de la forme d'un pain de sucre, dans divers sens en travers et plus ou moins obliquement.

frêle. Vers l'âge de dix-huit ans, il ressentit les premières atteintes du mal qui devait l'emporter encore jeune. A partir de cette époque il ne passa pas un jour sans douleur et ne put consacrer au travail que les rares moments de répit que lui laissaient ses souffrances. Tout ce qu'il avait de forces, il l'épuisa dans l'étude et le travail, ce qui devait d'ailleurs le sauvegarder des écueils auxquels la jeunesse se heurte d'ordinaire. Plus tard, il ajouta encore à ses souffrances par les austérités qu'il s'imposa au nom d'une piété maladive.

En 1638, à la suite de calomnies répandues contre son père, celui-ci fut obligé de se cacher d'abord, puis de se réfugier secrètement en Auvergne, pour se soustraire à la colère du cardinal de Richelieu. Ce fut une séparation douloureuse pour le père et les enfants. Heureusement elle dura peu, et voici par suite de quelle circonstance. Le cardinal ayant eu l'idée de faire représenter une pièce de Scudéri, la duchesse d'Aiguillon demanda la petite Jacqueline Pascal, alors âgée de treize ans, pour jouer un des rôles. Gilberte, la sœur aînée, qui fut depuis Mme Périer, et qui paraît avoir été une personne de tête, répondit fièrement : « M. le cardinal ne nous donne pas assez de plaisir pour que nous songions à lui en faire. » Néanmoins, comme on fit espérer que la grâce de Pascal le père pourrait être obtenue par ce moyen, elle se rendit. On arrangea une petite scène. Pascal le fils devait se trouver présent à la fête. Jacqueline joua son rôle avec tant d'esprit et de finesse qu'elle enleva les applaudissements de l'assistance d'élite qui l'écoutait et que le cardinal la combla de caresses. Elle lui récita alors un placet en vers dans lequel elle demandait la grâce de son père, que le cardinal accorda avec beaucoup d'empressement. Le cardinal, ayant su qu'il avait été trompé sur le compte de Pascal le père, s'empressa de le rappeler. Il l'accueillit avec une grande bienveillance et le nomma peu après, en 1641, à l'intendance de Rouen. C'est ainsi que notre jeune et déjà illustre savant se trouvait à Rouen lorsqu'il eut connaissance, en 1646, de l'expérience de Torricelli, prélude de l'invention du baromètre. Il la contrôla, puis la compléta par d'autres de son invention; il montrait de la manière la plus évidente que tous les faits attribués jusqu'alors à l'horreur de la nature pour le vide étaient la conséquence de la pesanteur de l'air, ou, plus exactement, de la pression atmosphérique.

L'ensemble des expériences instituées par Pascal, unies par un lien théorique, constitue un de ces petits traités qu'il avait l'intention de publier sur divers sujets scientifiques.

En 1654 il inventa le *triangle arithmétique*, une des productions intellectuelles les plus originales et les plus fécondes, par laquelle il se trouve le rival de Newton dans la découverte de la remarquable formule qu'on appelle le *binôme de Newton*. Certaines conséquences du *triangle arithmétique* ont été le point de départ du *calcul des probabilités*.

Comme Archimède, Pascal avait l'esprit pratique autant que spéculatif, et, tout en traitant des questions de science pure, il inventait des machines propres aux usages de la vie, comme le *haquet*[1], ou créait des entreprises industrielles, comme celle des voitures publiques à cinq *sols* la place, qui fut autorisée par Louis XIV en 1662. Ce sont les premiers omnibus.

Voiture *omnibus*, c'est-à-dire *pour tous*, vulgairement nommée omnibus.

Après avoir essayé de la vie mondaine, Pascal se sentit porté vers les idées religieuses et s'y jeta avec l'ardeur qu'il mettait en tout. Par ses discours il toucha son père au point de lui faire modifier sa manière de vivre, et décida sa sœur Jacqueline à abandonner le monde, malgré qu'elle y brillât par sa grâce et son esprit. Elle se fit religieuse à Port-Royal et y trouva, dans les emplois les plus importants, l'occasion

1. Sorte de charrette servant au transport des barriques de vin et qui permet de charger et de décharger facilement les barriques en les faisant descendre sur un plan incliné.

d'appliquer les rares qualités dont elle était douée. Bientôt après elle devait, à son tour, agir sur l'esprit de son frère, et par ses prières instantes l'enlever définitivement au monde. A partir de l'âge de trente ans, Pascal adopta un genre de vie austère dont il ne se départit plus jusqu'à sa mort.

Il s'imposa toutes les privations, se refusa toute superfluité ou plaisir, ayant même souci d'oublier, en prenant sa nourriture, la saveur des aliments, dans la crainte d'être sensuel. Il espérait, par ces mortifications, élever et fortifier son âme; mais cette aberration qui porte à sacrifier le corps dans la pensée de rendre l'esprit libre, n'aboutit qu'à troubler l'harmonie nécessaire entre ces deux éléments de la nature humaine.

Une fois engagé dans cette voie, on ne sait plus se borner; Pascal le sut moins que personne, à cause de l'ardeur de son tempérament. Il en vint à comprimer les élans de son cœur et à contrarier les affections les plus naturelles: à la mort de sa sœur Jacqueline, qu'il aimait beaucoup, il ne dit rien, sinon : « Dieu nous fasse la grâce d'aussi bien mourir. » Même il blâmait Mme Périer, sa sœur aînée, qui manifestait un vif chagrin de cette perte. Assurément Pascal ne nous offre pas là un exemple à suivre.

Un régime aussi rigoureux devait contribuer à aggraver ses infirmités et à augmenter ses douleurs. Les dernières années de sa vie ne furent qu'un long martyre, et pourtant, si intolérables que fussent ses souffrances, elles ne lui arrachèrent aucune plainte.

Pendant son séjour à Rouen, Pascal rencontra *Messieurs de Port-Royal,* avec lesquels il eut des rapports de plus en plus étroits et qui devaient avoir sur la direction de ses idées une si grande influence. Dans les entretiens qu'il eut avec eux il puisa de quoi nourrir sa dévorante activité morale (1653). C'est alors qu'il s'occupa des *Provinciales,* et de l'apologie de la religion chrétienne, dont les éléments, sans lien apparent, constituent les *Pensées.* Dans ces œuvres il se révéla l'un de nos meilleurs et de nos plus puissants écrivains. « Chrétien sincère et passionné, dit Sainte-Beuve, il conçut une apologie, une défense de la religion par une méthode et par des raisons que nul n'avait encore trouvées... Il se tourna à cette œuvre avec le feu et la précision qu'il mettait à toute chose. Les désordres graves qui survinrent dans sa santé l'empêchèrent de l'exécuter avec suite, mais il y revenait à chaque instant dans l'intervalle de ses douleurs; il jetait sur le papier ses idées, ses aperçus, ses éclairs. » Ce sont là les *Pensées,* et quant aux *Provinciales,* ou, plus exactement, *Lettres à un provincial,* disons avec sa sœur Mme Périer qu' « il avait une éloquence naturelle qui lui donnait une facilité merveilleuse à dire ce qu'il voulait et le disait dans la manière qu'il voulait... et cette manière d'écrire naturelle, naïve et forte en même temps, lui était propre et particulière ». Elles parurent de 1656 à 1657. C'est une des grandes dates de l'histoire littéraire[1].

Nous touchons au terme de cette courte et féconde existence. Les dernières années de sa vie furent marquées par un amour exagéré des pauvres, auxquels il aurait volontiers laissé tous ses biens au détriment des siens.

Ce grand penseur, ce grand écrivain, ce grand savant, ce martyr volontaire, si doux, si aimant et si tendre, mourut le 19 août 1662, à l'âge de trente-neuf ans et deux mois.

1. « ... C'est un esprit nouveau qui souffle dans les *Provinciales* et qui leur a donné tant de puissance. Nul n'a plus contribué que Pascal à nous affranchir de ces influences du passé dont il n'est pas entièrement dégagé lui-même. Ce besoin de netteté et de lumière qu'il porte jusque dans la théologie..; ce sentiment si vif du ridicule et cette antipathie à l'égard de la sottise et de la bassesse; cet amour profond du vrai et de l'honnête, voilà ce qui fait des *Provinciales* un chef-d'œuvre tout à fait à part et une époque dans notre littérature. On a dit : « C'est un avocat qui a la riposte vive, plaide clairement et discute serré. » Oui, mais cet avocat est d'une espèce fort rare, aussi convaincu et aussi touché que ses clients, ou plutôt les dépassant de beaucoup par l'énergie de sa conviction, l'ardeur de sa passion, la sincérité et la conscience de toutes ses démarches. »

(*Blaise Pascal,* édition Ernest Havet.)

LES DÉCOUVERTES DE PASCAL ENFANT

Le père de Pascal, qui était savant dans les mathématiques, craignant que l'étude de ces sciences ne fût trop absorbante pour son fils, avait voulu d'abord lui enseigner les langues anciennes. Il évitait avec soin de causer de mathématiques avec ses amis et avait enfermé tous les ouvrages qui en traitent; mais cela n'avait fait qu'exciter la curiosité du jeune Pascal, qui ne cessait de demander à son père de vouloir bien l'instruire de ces sciences. Lassé, un jour, de ses questions sur ce qu'était la géométrie, son père lui avait dit que c'était le moyen de faire des figures justes et de trouver les rapports qu'elles avaient entre elles. Il n'en fallut pas davantage pour que Pascal se mît à faire des figures géométriques et cherchât à les faire aussi exactes que possibles. Dans la salle où il avait coutume de se divertir, il traça sur le carreau, avec des morceaux de charbon, des cercles qu'il appelait des ronds, des lignes qu'il appelait des barres, des triangles dont il ne savait pas le nom, car il n'avait que douze ans et c'était pour la première fois qu'il s'occupait de ces choses. Il trouva certaines propriétés des figures qui en supposaient d'autres, qu'il trouva également. De proche en proche il parvint à former une chaîne de théorèmes qui, partant des axiomes, aboutissaient à la somme des trois angles d'un triangle.

* *

Il était complètement absorbé par ces recherches lors que son père vint le trouver. Pascal ne le vit point dans les premiers moments et continuait *ses recherches*. Son père, immobile, frappé de stupeur, le regardait faire. Enfin Pascal, levant la tête, fut tout décontenancé en apercevant son père et allait chercher à s'excuser d'avoir enfreint sa défense formelle, lorsque, celui-ci lui ayant demandé ce qu'il faisait, Pascal répondit qu'il cherchait la valeur de l'angle extérieur d'un triangle; puis, pressé de questions, il raconta comment, par un enchaînement de raisonnements, il avait trouvé les théorèmes précédents et inventé une partie de la géométrie.

*
* *

On comprendra aisément la surprise du père de Pascal, et comme il fut épouvanté d'un génie si précoce. En proie à la plus vive émotion, il courut aussitôt chez un de ses amis intimes, savant mathématicien, M. Le Pailleur. Celui-ci, le voyant en cet état, les yeux baignés de larmes : « Qu'avez-vous, lui dit-il, et quel chagrin vous accable? — Je ne pleure pas d'affliction, répondit Pascal, mais de joie; » et il lui raconta la scène dont il venait d'être le témoin. M. Le Pailleur, non moins surpris, pensa qu'il ne fallait pas différer davantage de laisser le jeune Pascal obéir à une inclination si impérieuse et pour laquelle il avait une aptitude si extraordinaire.

Pascal reçut alors de son père les *Éléments d'Euclide*, mais il fut convenu que, pour ne pas troubler ses études littéraires, il ne les lirait qu'à ses heures de récréation. Singulière récréation pour un enfant de douze ans! Et pourtant c'en était une pour Pascal. Le traité d'Euclide lui plut comme un livre de lecture. Il se porta à l'étude de la géométrie avec ardeur et ne réclama aucune aide pour comprendre les divers théorèmes.

LA ROULETTE

Marquez un trait à la craie en un point d'un cerceau, puis faites rouler le cerceau et suivez du regard le trait marqué. Vous le verrez successivement dans divers points de l'espace. S'il touche d'abord la terre, il la touchera de nouveau après que le cerceau aura fait un tour complet et que tous les points du cerceau seront venus chacun à leur tour au contact du sol. Au milieu de l'intervalle, le point marqué se trouvera à la plus grande distance de la terre, qui est le diamètre du cer-

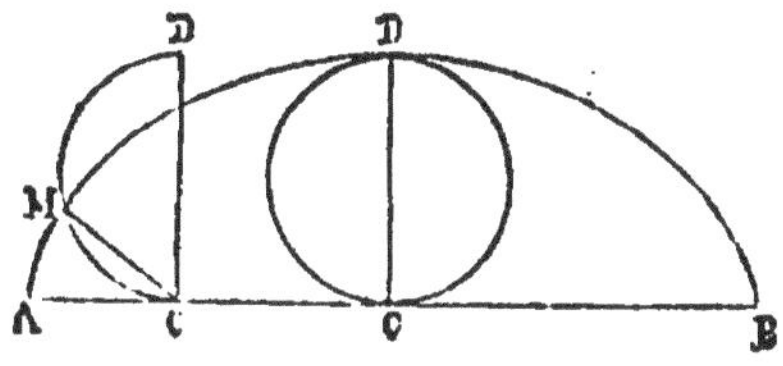

La roulette.

CMD, CD, cercle générateur dans deux positions différentes. — AMDB, roulette. — M, un point de la roulette : l'arc de cercle CM est égal à la droite AC. — AB, base égale à la circonférence du cercle. — D, point culminant

ceau. Il se sera graduellement élevé du sol jusqu'à ce point, puis en sera descendu de même, décrivant ainsi dans sa marche deux parties symétriques d'une même courbe.

Cette courbe est la *roulette,* qu'on nomme encore *cycloïde*[1].

Elle jouit de propriétés fort curieuses :

Sa base est égale à la longueur de la circonférence génératrice (AB = circ. CD).

Sa longueur est égale à quatre fois le diamètre du cercle générateur (AMDB = 4 CD).

1. De deux mots grecs qui signifient *semblable au cercle.*

Son aire est égale à trois fois celle de ce cercle (AMDB = 3 cercle DB).

Si l'on imagine une gouttière en forme de cycloïde renversée, c'est-à-dire ayant son sommet au-dessous de sa base, et qu'on laisse courir une bille dans la gouttière, on observera :

1° Que la bille arrivera au point le plus bas en un temps plus court qu'en suivant tout autre chemin (la courbe est *brachystochrone*);

2° Que, quel que soit le point de départ, le mobile emploiera le même temps à arriver au point le plus bas (la courbe est *tautochrone*).

*
* *

Ce fut en 1659, pendant une de ces nuits où les douleurs qu'il éprouvait lui ôtaient tout sommeil, que Pascal, dont l'intelligence conservait toute sa vivacité malgré la souffrance, trouva un certain nombre de propriétés de la roulette. Cela lui vint tout à coup dans l'esprit, sans aucune préparation et sans effort, comme une sorte d'illumination soudaine. Les théorèmes se succédaient, les propositions s'enchaînaient, et les démonstrations lui arrivaient comme s'il eût connu toutes ces choses autrefois et que le souvenir lui en revînt. Il avait renoncé aux recherches mathématiques et n'aurait pas laissé de traces de sa découverte s'il n'y avait été en quelque sorte contraint par une personne « aussi considérable par sa piété que par les éminentes qualités de son esprit et par la grandeur de sa naissance ». Il se décida à faire imprimer les propositions qu'il avait découvertes.

« Ce fut seulement alors, dit Mme Périer, qu'il l'écrivit (son *Traité de la roulette*), mais avec une précipitation extrême, en huit jours; car c'était en même temps que les imprimeurs travaillaient, fournissant à deux en même temps sur deux différents traités, sans que jamais il en eût d'autre copie que celle qui fut faite pour l'impression : ce qu'on ne sut que six mois après que la chose fut trouvée. »

L'étude des propriétés de cette courbe, dont nous n'avons énuméré que les principales, occupa presque tous les savants du XVIIe siècle, de Galilée à Bernouilli. Ses diverses propriétés furent découvertes par Roberval, Descartes, Fermat, Pascal, Huyghens, etc.

Pascal n'avait pas seulement résolu des problèmes déjà résolus en partie par d'autres; d'une question particulière, il en avait fait une générale. Dans son *Traité de la roulette,* il indique un moyen de traiter toutes les questions analogues. Son esprit ne se contentait pas d'un procédé applicable à un cas particulier; il voyait au delà et créait une méthode. On peut dire sans exagération que par là il a abordé le calcul différentiel et intégral.

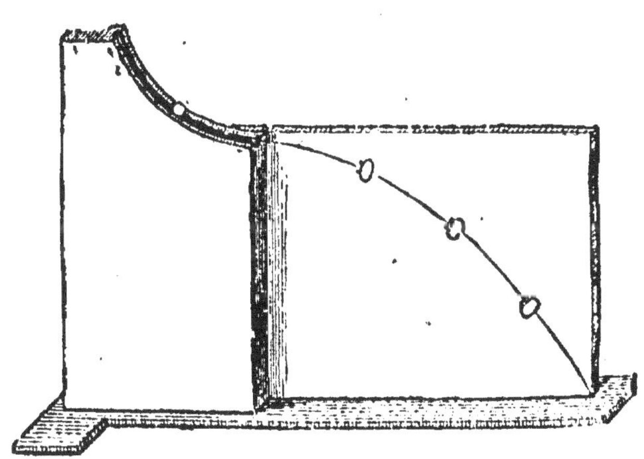

LA PRESSION ATMOSPHÉRIQUE

ET LE BAROMÈTRE

L'atmosphère, on le sait, exerce par son poids une pression sur toute la surface de la terre, et cette pression est limitée, puisque la masse entière de l'air est limitée. On peut donner de nombreux exemples familiers de cette pression : « Un soufflet dont toutes les ouvertures sont bien bouchées est difficile à ouvrir ; si on essaie de le faire, on y sent de la résistance, comme si ses ailes étaient collées ; dès qu'il est débouché, l'air s'y insinue et le remplit. De même, quand on respire, l'air pénètre dans les poumons, car les poumons sont comme un soufflet dont la bouche est comme l'ouverture. » — « L'eau monte dans une pompe aspirante et suit son piston quand on l'élève, comme si elle lui adhérait, » parce que la pression de l'air, qui s'exerce sur l'eau du puits, pousse cette eau dans le tuyau. — « Quand on met du papier allumé dans un plat plein d'eau, et un verre par-dessus, à mesure que le feu s'éteint l'eau monte dans le verre, parce que l'air qui est dans le verre, et qui était raréfié par le feu, venant à se condenser par le refroidissement, n'a plus autant de force que l'air extérieur qui pousse l'eau à entrer dans le verre. »

Chacun sait, d'ailleurs, comment les chimistes recueillent et transvasent les gaz : c'est à l'aide d'éprouvettes qu'on remplit d'eau ou de mercure, suivant qu'on opère sur la cuve à eau ou sur la cuve à mercure. Or le liquide contenu dans l'éprouvette ne tombe pas, précisément parce que la pression de l'atmosphère le maintient par le dehors.

On varie cette expérience et on la rend plus saisissante si, après l'avoir remplie d'eau, on pose sur l'ouverture, et comme on ferait avec un couvercle, un fragment de papier. Puis, appuyant sur le papier la paume de la main, on retourne l'éprouvette sens dessus dessous. On peut alors enlever la main appliquée contre l'ouverture et tenir l'éprouvette de l'autre main : le liquide ne tombe pas. Il est visiblement soutenu par la pression atmosphérique.

« On peut faire la même épreuve avec un tuyau long par exemple de dix pieds (3 mètres environ), bouché par le bout d'en haut et ouvert par le bout d'en bas; car s'il est plein d'eau et que le bout d'en bas trempe dans un vaisseau plein d'eau, elle demeurera toute suspendue dans le tuyau, au lieu qu'elle tomberait incontinent si on avait débouché le haut du tuyau. » (Pascal, *Traité de la pesanteur de la masse de l'air.*)

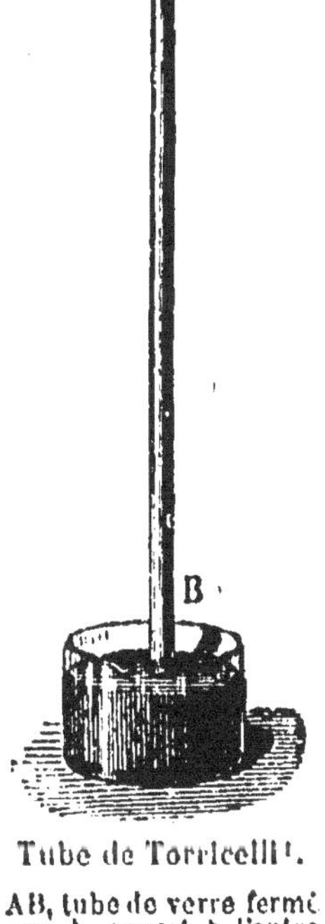

Tube de Torricelli[1].

AB, tube de verre fermé en A, ouvert à l'autre bout, et contenant du mercure en CB. — V cuvette contenant du mercure dans lequel plonge le tube.

Pour mesurer la pression atmosphérique, Pascal s'y prit de la manière suivante : « Un tuyau de verre de quarante-six pieds (15 mètres environ), dont un bout est ouvert et l'autre fermé, étant rempli d'eau, ou plutôt de vin bien rouge pour être visible, puis bouché et élevé en cet état et porté perpendiculairement à l'horizon, l'ouverture bouchée en bas, dans un vase plein d'eau, et enfoncé d'une petite quantité, si l'on débouche l'ouverture, le vin du tuyau descend jusqu'à une certaine hauteur, qui est environ de trente-deux pieds (10 mètres environ) depuis la surface de l'eau du vase, et laisse dans le haut un espace vide. »

1. Torricelli (Évangéliste) (1608-1647), célèbre physicien, né à Faenza (Romagne), fut disciple de Galilée, auquel il succéda comme professeur de mathématiques à Florence. Son nom est attaché à la découverte du baromètre.

Pascal fit cette expérience à Rouen, avec le concours de M. Petit, intendant des fortifications, dans la cour du Palais de justice.

Pascal se trouvait à Rouen en 1644 lorsqu'il apprit de M. Petit, qui la tenait du P. Mersenne, l'expérience de Torricelli. Il la refit avec M. Petit et en institua de nouvelles, destinées à la contrôler et à l'affermir. Il les fit connaître dans un petit traité, en 1647.

LA MESURE DES HAUTEURS

PAR LE BAROMÈTRE

Pascal démontra que l'eau ne s'élève pas dans les pompes à la même hauteur en quelque lieu que ce soit, car elle s'y élève diversement et d'autant plus qu'ils sont plus bas. Il en concluait, par réciprocité, que les lieux où l'eau s'élève à la même hauteur sont au même niveau, et que ceux où elle s'élève le moins sont les plus élevés. De la sorte, en transportant un tube plein de mercure du pied d'une montagne au sommet, on devait voir le mercure baisser de plus en plus pendant l'ascension et regagner les niveaux successifs pendant la descente. Il établissait ainsi le principe qui sert de base à la mesure des hauteurs par le baromètre.

Pour vérifier ces prévisions, il pria son beau-frère Périer, alors à Moulins, de se rendre à Clermont et de faire l'expérience sur le puy de Dôme. Voici quelques extraits de « l'ample et fidèle relation », comme dit Périer adressée à Pascal le 22 septembre 1648.

*
* *

« La journée du samedi 19 de ce mois fut fort inconstante ; néanmoins le temps paraissant assez beau, sur les cinq heures du matin, et le sommet du puy de Dôme se montrant à découvert, je me résolus d'y aller pour y faire l'expérience. Pour cet effet j'en donnai avis à plusieurs personnes de condition de cette ville de Clermont, qui m'avaient prié de les avertir du jour que j'irais, toutes personnes très capables non seulement en leurs charges, mais encore dans toutes les belles connaissances, avec lesquelles je fus ravi d'exécuter cette belle partie.

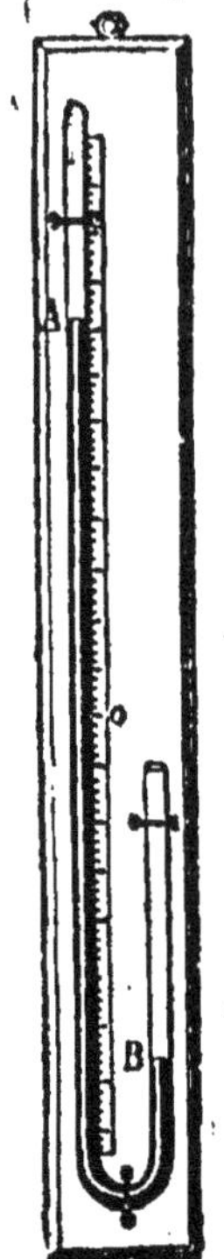

Baromètre dit à siphon.

Ainsi nommé parce que le tube est recourbé et se compose de deux branches, comme les siphons. La branche la plus courte, qui est ouverte, remplit l'office de cuvette. A et B, niveaux du mercure. *o* est le point de départ de la double échelle ascendante et descendante. — Lorsqu'on veut évaluer la hauteur, il faut faire la somme des deux hauteurs *o*A et *o*B.

Nous fûmes donc ce jour-là tous ensemble, sur les huit heures du matin, dans le jardin des pères minimes, qui est presque le lieu le plus bas de la ville, où fut commencée l'expérience en cette sorte :

« 1° Je versai dans un vaisseau seize livres de vif-argent que j'avais rectifié durant les trois jours précédents; et ayant pris deux tuyaux de verre de pareille grosseur et longs de quatre pieds chacun, je fis en chacun d'iceux l'expérience ordinaire du vide dans ce même vaisseau, et ayant approché et joint les deux tuyaux l'un contre l'autre, sans les tirer hors de leur vaisseau, il se trouva que le vif-argent qui était resté en chacun d'eux était à même niveau... Je marquai au verre la hauteur du vif-argent, et ayant laissé ce tuyau en la même place, je priai le R. P. Chastin, l'un des religieux de la maison, homme aussi pieux que capable, et qui raisonne très bien en ces matières, de prendre la peine d'y observer de moment en moment, pendant toute la journée, s'il y arriverait du changement. Et avec l'autre tuyau et une partie de ce même vif-argent je fus, avec tous ces messieurs, au haut du puy de Dôme, élevé au-dessus des Minimes d'environ cinq cents toises[1], où, ayant fait les mêmes expériences de la même façon que je les avais faites aux Minimes, il se trouva qu'il ne resta plus dans ce tuyau que la hauteur de vingt-trois pouces deux lignes de vif-argent, au lieu qu'il s'en était trouvé aux Minimes, dans ce même tuyau, la hauteur de vingt-six pouces

1. Environ 1,000 mètres. — La toise vaut $1^m,95$; le pouce vaut $0^m,027$; la ligne $2^{mm},256$.

Le puy de Dôme.

Ce mont, d'une hauteur de 1,465 mètres, est composé de trachyte qui est venu au jour à l'état pâteux. Le sommet est arrondi et n'est pas creusé en cratère comme les puys voisins. Il est situé tout près de Clermont-Ferrand. Un observatoire a été établi à l'endroit où se trouvait un temple gaulois.

trois lignes et demie, et qu'ainsi, entre les hauteurs du vif-argent de ces deux expériences il y eut trois pouces une ligne et demie de différence : ce qui nous ravit tous d'admiration et d'étonnement et nous surprit de telle sorte que, pour notre satisfaction propre, nous voulûmes la répéter. C'est pourquoi je la fis encore cinq autres fois très exactement en divers endroits du sommet de la montagne, tantôt à couvert dans la petite chapelle qui y est, tantôt à découvert, tantôt à l'abri, tantôt au vent, tantôt en beau temps, tantôt pendant la pluie et les brouillards qui venaient nous y voir parfois, ayant à chaque fois purgé très soigneusement d'air le tuyau ; et il s'est toujours trouvé, à toutes ces expériences, la même hauteur de vif-argent de vingt-trois pouces deux lignes, qui font les trois pouces une ligne et demie de différence d'avec les vingt-six pouces trois lignes et demie qui s'étaient trouvées aux Minimes ; ce qui nous satisfit pleinement...

« Le lendemain, le T. R. P. de la Marc, prêtre de l'Oratoire et théologal de l'église cathédrale, qui avait été présent à ce qui s'était passé le matin du jour précédent dans le jardin des Minimes, et à qui j'avais rapporté ce qui était arrivé au puy de Dôme, me proposa de faire la même expérience au pied et sur le haut de la plus haute des tours de Notre-Dame de Clermont, pour éprouver s'il y arriverait de la différence. Pour satisfaire à la curiosité d'un homme de si grand mérite et qui a donné à toute la France des preuves de sa capacité, je fis le même jour l'expérience ordinaire du vide en une maison particulière qui est au plus haut lieu de la ville, élevée par-dessus le jardin des Minimes de six ou sept toises, et à niveau du pied de la tour : nous y trouvâmes le vif-argent à la hauteur d'environ vingt-six pouces trois lignes, qui est moindre que celle qui s'était trouvée aux Minimes d'environ demi-ligne.

« Ensuite je la fis sur le haut de la même tour, élevée

par-dessus son pied de vingt toises et par-dessus le jardin des Minimes d'environ vingt-six ou vingt-sept toises; j'y trouvai le vif-argent à la hauteur d'environ vingt-six pouces une ligne, qui est moindre que celle qui s'était trouvée au pied de la tour d'environ deux lignes, et que celle qui s'était trouvée aux Minimes d'environ deux lignes et demie. »

Newton.

NEWTON (**Isaac**) naquit à Woolstrop, dans le comté de Lincoln, le 25 décembre 1642. Il perdit son père à l'âge de trois ans et fut élevé par sa mère; c'est là un cas toujours important à noter, à cause de l'influence considérable qu'une mère, lorsqu'elle est une femme distinguée, peut exercer sur un enfant bien doué. Newton fréquenta jusqu'à l'âge de douze ans la petite école de Woolstrop, et fut ensuite envoyé à l'école plus importante de Grantham, près de Lincoln. Après quelques années passées à Grantham, sa mère eut la pensée de le retirer pour lui donner à gérer ses biens; mais elle en fut bientôt dissuadée par le peu de propension et d'aptitude du jeune Newton pour les affaires. Il n'avait, en effet, de goût que pour l'étude, et sa mère, loin de contrarier une inclination qui tournait à la passion, le renvoya à Grantham, qu'il ne quitta que pour se rendre au collège de la Trinité, à Cambridge. Il avait alors dix-huit ans.

A partir de ce moment nous allons le voir s'adonner sans réserve aux études mathématiques; comme Pascal, on dirait qu'il a innées les connaissances que la plupart des hommes acquièrent péniblement. Du premier coup il est passé maître, ce qui faisait dire à ses contemporains que, « semblable au Nil, dont les sources n'étaient pas encore connues à cette époque, il n'avait pas été donné aux hommes de le voir faible et naissant ».

Après un séjour de quelques années à l'Université, où il connut le célèbre Barrow, il jeta les bases des découvertes qui l'ont rendu illustre et qui suffiraient à la gloire de plusieurs. C'est d'abord celle du *binôme* qui porte son nom et que Pascal a faite de son côté sous une autre forme. Nous avons déjà eu occasion de faire remarquer que semblables rencontres ne sont point choses rares dans l'histoire des découvertes; c'est ainsi qu'une même loi se nomme en Angleterre *loi de Boyle*, et en France *loi de Mariotte*. Pour être surprenante, cette coïncidence n'est pas étrange. Deux intelligences occupées de recherches analogues ne ressemblent-elles pas à des hommes qui battent les mêmes sentiers et n'ont-elles pas les mêmes chances de se rencontrer? Ajoutons que le plus souvent chacun est arrivé au but en y marchant de son pas, avec son allure propre, selon son tempérament; la méthode, les procédés diffèrent de l'un à l'autre, et le résultat même, quoique semblable au fond, n'est pas exprimé de la même manière.

Nous trouvons dans la vie de Newton plusieurs de ces singulières rencontres : Mercator[1] publia en 1668 un travail sur la quadrature de l'hyperbole (*Logarithmotechnie*). Or Newton avait trouvé, plusieurs années auparavant, le moyen d'évaluer les quadratures de toutes les courbes et fourni ainsi la théorie générale dont le *théorème* de Mercator n'était qu'un cas particulier. Il pouvait invoquer sur ce point

1. Mercator, traduction latine, de son vrai nom Kauffmann (1620-1687), célèbre géomètre, qu'il ne faut pas confondre avec son homonyme le géographe.

un témoignage d'un grand poids, celui de Barrow, auquel il avait communiqué son travail bien avant la publication de Mercator. On pourrait croire que Newton s'empressa de réclamer la priorité d'une découverte qui comprenait celle de Mercator et lui était par conséquent non seulement antérieure, mais supérieure. On est bien surpris d'apprendre qu'il n'en fit rien. Qu'est-ce qui pouvait donc l'arrêter dans une revendication légitime et qui lui assurait l'estime du monde savant au début de sa carrière? Il nous le dit lui-même dans une lettre : il « avait cru que son secret était entièrement connu de Mercator ou le serait par d'autres avant qu'il fût d'un âge assez mûr pour composer », c'est-à-dire pour écrire. Newton croyait ne pas être encore assez maître de sa langue pour donner à sa pensée la forme qu'elle devait revêtir. Ainsi son génie mathématique a quelque chose de l'instinct pour la facilité et la promptitude à découvrir ou à inventer. Les découvertes semblent jaillir soudainement de son cerveau, et pourtant il écrivait au docteur Bensley : « Croyez-moi, si mes recherches ont produit quelques résultats utiles, ils ne sont dus qu'au travail et à une pensée patiente. »

Il indiquait ainsi sa manière de travailler : « Je tiens le sujet de ma recherche constamment devant moi, et j'attends que les premières lueurs s'avivent peu à peu jusqu'à se changer en une clarté pleine et entière. » Mais le développement de l'intelligence générale suit son cours naturel, si bien qu'il y avait comme un défaut d'harmonie entre la grandeur de ses conceptions mathématiques et la faiblesse de l'expression.

Newton devait aussi se rencontrer avec Leibnitz dans une découverte capitale, celle du *calcul infinitésimal ou différentiel*, qui compte parmi les plus hautes productions de l'esprit humain. En 1684, Leibnitz donna, sans en fournir la démonstration, les règles du *calcul différentiel*. Trois ans plus tard paraissaient les *Principes mathématiques* de Newton, qui renfermaient la découverte de Leibnitz, sauf des différences de pure forme et portant sur les détails. Toutefois, la notation de Leibnitz était plus simple, et elle fut conservée, et pendant près de vingt ans Leibnitz eut le bénéfice de sa propre découverte; pas une voix ne s'éleva pour troubler sa joie et pour attenter à sa gloire. Mais en 1699, l'auteur d'un écrit sur une question de mathématique insinua que Leibnitz pouvait bien s'être inspiré des idées de Newton dans la découverte du calcul différentiel. Ainsi qu'on voit une étincelle déterminer un violent incendie, cet incident provoqua une discussion fort vive entre Leibnitz, soutenu par les journalistes de Leipzig, et les géomètres anglais, qui avaient pris fait et cause pour Newton, considérant la gloire de Newton comme celle de la nation anglaise. Quant à Newton, il se tint à l'écart, à cause de sa répugnance pour les discussions, et aussi sans doute parce qu'il se trouvait assez bien défendu. Il n'aurait certainement pas apporté dans la lutte l'ardeur et l'âpreté qu'y mirent ses champions. Il préféra toujours son repos à tout, même à sa gloire. On en eut une nouvelle preuve lorsqu'il fut sur le point de publier son *Traité d'optique*. Comme on lui faisait prévoir des objections, il renonça provisoirement à la publication, disant qu'« il se reprocherait son imprudence de perdre une chose aussi réelle que le repos, pour courir après une ombre ».

Leibnitz eut la délicatesse de prendre pour arbitre la *Société royale de Londres*, c'est ainsi que se nomme l'Académie des sciences anglaise. — On avouera que ce n'est pas là le choix d'un homme accusé d'être le plagiaire de Newton. — Mal lui en prit : les Anglais ne pouvaient être impartiaux du moment que leur orgueil était engagé, et Leibnitz en fut pour ses frais de désintéressement. La postérité, plus juste que la Société royale, a laissé à chacun de ces deux hommes de génie la gloire de l'invention. La richesse scientifique de Leibnitz le dispensait de rien dérober, même à Newton. Ajoutons que de semblables découvertes ne sortent pas d'un cerveau tout entières et que Newton comme Leibnitz devaient une part de leur gloire à leurs contemporains et à leurs prédécesseurs immédiats.

Il est plus aisé d'énumérer les découvertes de Newton que d'en donner la date exacte, car, on l'a vu, Newton les laissait souvent dormir dans ses cartons avant de les produire au grand jour.

En 1666, en revenant de Woolstrop, il exposa les lois de la gravitation; en 1669 il donna la *théorie des marées*, celle de la *précession*, et une série de recherches expérimentales sur l'*optique*, qu'il rassembla dans son *Traité de la lumière et des couleurs*, publié en 1704. C'était le fruit de trente ans de travaux.

En 1672 il fut élu membre de la *Société royale*.

En 1688, il entra au Parlement.

En 1695, il fut nommé *garde des monnaies*, emploi analogue à celui d'essayeur; il rendit des services à l'occasion de la refonte des monnaies qui eut lieu à cette époque. Trois ans après, il devint *maître de la monnaie* (directeur), emploi dont les revenus étaient considérables et qu'il conserva jusqu'à sa mort.

C'est pendant l'année 1695 qu'un incendie déterminé par son chien Diamant fit disparaître les manuscrits de son *Traité d'optique*, auxquels il attachait un grand prix. Son naturel doux, tranquille et patient se montra ce jour-là dans toute son expression : il se borna à dire à son chien, qu'il aimait beaucoup : « Ah! Diamant, Diamant! tu ne sais pas le tort que tu m'as fait! » Mais sa santé et sa raison en furent ébranlées, et il resta quelque temps à se remettre.

On ne sera pas surpris qu'avec un esprit toujours en travail, Newton fût constamment comme isolé au milieu du monde et tout entier à ses méditations. Il en oubliait tous les soucis de la vie matérielle. On le voyait, tandis qu'il procédait à quelque besogne familière, comme les soins de sa toilette, par exemple, s'arrêter tout à coup et suivre une pensée qui lui traversait l'esprit, plongé dans une sorte d'extase qui durait des heures entières. On cite même de lui d'étonnantes distractions : un de ses amis intimes, le docteur Stuckley, vint un jour lui demander à dîner. Newton était à travailler dans son cabinet. On le prévient, il prie d'attendre et poursuit ses recherches. Son ami attend un quart d'heure, une demi-heure, une heure. Enfin il perd patience, se met à table et mange. Il avait terminé que Newton n'était pas sorti de son cabinet. Il remet tout en place sur la table et sort. Quelque temps après, Newton arrive, se met à table, ayant oublié son ami, dit qu'il a grand appétit; mais prenant le plat et s'apercevant qu'on y a touché : « Suis-je distrait, dit-il, j'oubliais que j'avais déjeuné. » Il se lève de table et retourne à ses travaux.

En 1701 il fut de nouveau appelé à siéger au Parlement pour l'université de Cambridge, et pendant cette même année il démontra la nécessité de deux points fixes pour la graduation du thermomètre, et il désigna les points désormais adoptés; il donna ensuite la *loi du refroidissement* qui porte son nom, ainsi que celles relatives aux *changements d'état des corps.*

La *Société royale* le choisit pour son président en 1703 et lui conserva cet honneur jusqu'à sa mort, c'est-à-dire pendant vingt-trois ans, persuadée qu'elle n'aurait pas à craindre par la suite de voir invoquer cet exemple unique comme un précédent.

Dès que notre Académie des sciences put s'adjoindre des *associés étrangers,* elle porta son choix sur Newton.

On le voit, il ne manqua rien à Newton sa vie durant : il eut la santé, la fortune, les honneurs et la gloire. Il dut la santé à la sobriété et à la régularité de sa vie. La fortune ne le rendit pas fastueux, mais elle lui permit de faire beaucoup de bien. Les honneurs ne le rendirent ni moins simple ni moins affable, et malgré sa grande renommée il resta modeste et bienveillant. Il ne donna donc aucune prise à l'envie. Tandis qu'autour de lui on n'entendait que ses louanges, il semblait l'ignorer.

Resté célibataire, Newton s'était fait une famille de celle de son neveu, M. Conduitt.

Il ne commença à sentir les infirmités qu'à partir de quatre-vingts ans, et il les endura patiemment pendant cinq années. Dans les derniers jours de sa vie les souffrances devinrent plus vives, sans qu'il cessât d'être calme et résigné. Il s'éteignit le 20 mars 1727, à l'âge de quatre-vingt-cinq ans. On lui fit des funérailles royales, et sa mort fut un deuil public.

LES LOIS DE LA GRAVITATION

Un jour de l'année 1666, à ce que rapporte Mme Conduitt, sa nièce, Newton, retiré à la campagne, à Woolstrop, et voyant tomber des fruits d'un arbre, se laissa aller à une méditation profonde sur la cause qui entraîne ainsi tous les corps dans une ligne, qui, si elle était prolongée, passerait par le centre de la Terre.

Il imagina que cette cause aurait agi également si le fruit était tombé d'une plus grande hauteur, et, poursuivant sa pensée, il en vint à admettre que cette cause pouvait tout aussi bien agir sur la Lune. De là à supposer que la cause était plus générale encore et à l'étendre à tout notre système solaire, il n'y avait qu'un pas. Mieux encore, elle devait agir sur tous les astres.

Or, à l'époque où se produisit l'incident qui fut pour lui comme un trait de lumière, on connaissait les lois de la pesanteur trouvées par Galilée, et Kepler venait de découvrir les mémorables lois qui gouvernent les mouvements des astres et qui lui ont valu le surnom de *Législateur de l'astronomie*. Les voies étaient donc préparées à Newton. Il n'avait plus qu'à faire sortir, au moyen d'un artifice de calcul, les lois de l'attraction universelle de celles de Kepler, où elles se trouvent renfermées. Il y arriva progressivement, *en y pensant toujours*, comme il disait avec une modestie naïve.

Il se préoccupa d'abord de calculer l'espace que parcourait, dans la première seconde de sa chute, un corps tombant de la Lune vers la Terre. Or, ce corps, c'est la Lune elle-même. Elle tombe effectivement à chaque instant vers la Terre, autour de laquelle elle se meut. En chaque point de son orbite elle tend à s'éloigner ; mais la Terre la ramène à elle et la fait tomber d'une manière continue. Et si, à un moment donné, la Terre cessait de la retenir, elle s'échapperait comme la pierre d'une fronde, suivant la tangente à la courbe qu'elle décrit, au point où elle se trouverait à ce moment. On peut dire que pendant une seconde la Lune parcourt, en tombant vers la Terre, la distance dont elle se serait éloignée de la Terre si elle eût été libre, c'est-à-dire soustraite à l'action de celle-ci.

C'est cet espace que calcula Newton, afin de le comparer à celui que parcourt un corps à la surface de la terre dans la première seconde de sa chute. Pour effectuer ce calcul il dut se servir de la distance de la Lune à la Terre, qu'on ne connaissait pas alors exactement. Le résultat ne fut donc pas ce qu'il attendait. L'écart n'était pas très grand sans doute, et d'autres se seraient déclarés satisfaits de cette approximation; mais Newton était trop scrupuleux et n'admettait pas qu'on forçât les calculs et qu'on violentât la nature. Cette honnêteté de savant, ce respect pour la science, devaient être récompensés. Peu de temps après, à la suite des travaux entrepris par les astronomes français, la vraie distance de la Terre à la Lune ayant été trouvée, Newton reprit ses calculs et eut la profonde satisfaction de vérifier l'exactitude de ses prévisions.

*
* *

Mais la Terre ne possède pas exclusivement la propriété d'attirer à elle la Lune et les corps; de leur côté, ceux-ci agissent par réciprocité sur la Terre. Plus généralement, les corps sont portés les uns vers les autres par une action mutuelle et réciproque.

Restait à donner l'expression des lois de cette *attraction universelle* ou *gravitation*. Or les lois de Kepler permettent d'établir :

1° *Que dans le Soleil réside la force qui maintient les planètes chacune dans son orbite.* Chaque planète est comme la pierre d'une fronde; le Soleil figure la main, et le lien invisible qui unit la main à la pierre est ce qu'on nomme l'*attraction ;*

2° *Que, pour une même planète, l'attraction varie en raison inverse du carré de sa distance au Soleil,* c'est-à-dire que l'énergie avec laquelle le Soleil retient la planète serait *quatre* fois plus petite à une distance *deux* fois plus grande; *neuf* fois moindre à une distance *trois* fois plus grande, et ainsi de suite.

Enfin, il n'y a pas autant d'attractions distinctes que de planètes. Le Soleil agit de la même manière sur tous les corps qu'il attire. L'attraction diminue avec la distance et selon la même loi, qu'il s'agisse d'une même planète dont la distance au Soleil varie, ou de planètes différentes placées à des distances diverses. C'est la même force qui, à une même distance, maintient tous ces corps dans leurs orbites respectifs et varie avec la distance suivant la même loi pour toutes.

*
* *

Ce que nous venons de dire est également vrai des satellites par rapport à la planète autour de laquelle ils se meuvent. Les comètes, les aérolithes dans leurs mouvements, les corps qui tombent sur la Terre dans leur chute, sont soumis aux mêmes lois. Ainsi, non seulement le Soleil attire les planètes, mais celles-ci à leur tour réagissent sur le Soleil dans la mesure de leurs masses respectives. En un mot, l'attraction est aussi bien unique dans sa nature qu'universelle dans son action.

Cette loi de la raison inverse du carré des distances est une des lois de l'*attraction universelle* ou de la *gravitation;* une seconde loi est relative à la masse des planètes et s'énonce ainsi :

L'attraction mutuelle de deux corps est proportionnelle aux masses de ces corps.

Newton, ayant trouvé les lois de l'attraction universelle, en tira tout une série de remarquables conséquences. Il en conclut la nature des courbes ou orbites des corps célestes, c'est-à-dire la route qu'elles suivent dans l'espace, puis les masses de ces corps, l'action du Soleil et de la Lune sur la mer, etc. C'est tout un monde de découvertes.

Par ces lois, on pouvait se rendre compte non seulement de la marche des astres, mais encore des complications provenant des variations de leurs distances respectives. Enfin, lorsque des irrégularités apparentes étaient constatées dans la marche de certains astres, ces mêmes lois, qui ne sont jamais en défaut, devaient permettre de trouver la cause de la perturbation.

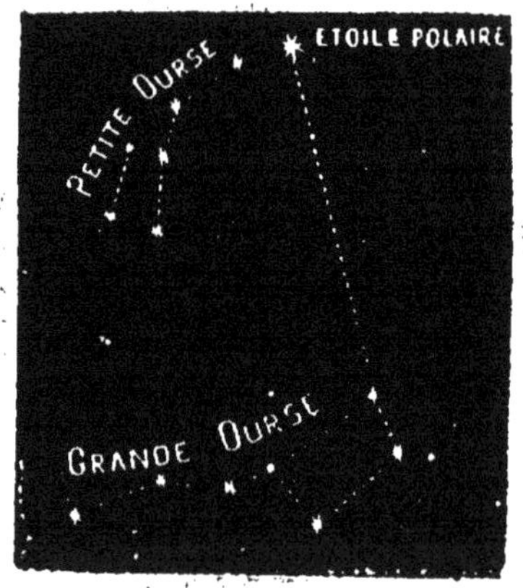

LA LUMIÈRE ET LES COULEURS

Tout était pour Newton sujet d'observation; jamais son puissant esprit ne resta inactif. La lumière, en se jouant dans des verres taillés, donne naissance, on le sait, aux couleurs vives et pures de l'iris. Le même phénomène se produit à la surface des eaux stagnantes, sur certaines vitres et sur les bulles de savon. Newton n'était pas homme à regarder ces manifestations sans chercher à en découvrir la cause et les lois. Ce qui avait d'abord été pour lui un jeu attrayant, un amusement d'enfant, devint bientôt un objet de recherches et d'expériences. Le point de départ était humble, au moins en apparence; mais il n'y a pas dans la nature de grands et de petits phénomènes, les uns régis par des lois, les autres livrés au hasard. La loi est unique; elle est la même pour tous les phénomènes dus à une même cause, quelles que soient les inégalités apparentes.

Newton étudia donc ces brillants effets de la lumière partout où ils se montraient, à travers les cristaux, dans l'intervalle des lames minces, dans la pellicule transparente des bulles de savon, et dans la pluie ensoleillée où ils forment l'arc-en-ciel. Jamais on ne vit expérimentateur plus habile, plus patient et plus sagace. Trente ans de travaux poursuivis avec constance l'amenèrent à conclure que la lumière blanche est composée de toutes les lumières colorées; qu'un rayon de lumière solaire contient une légion innombrable de rayons de toutes les couleurs et de toutes les nuances de chaque couleur, et que l'apparition des couleurs est due à la décomposition de la lumière blanche.

*
* *

Le rayon de soleil qui a traversé un prisme n'est pas seulement dévié; il est dilaté et *décomposé*. Blanc avant son entrée, il est coloré à la sortie et occupe alors un espace plus grand. Au lieu d'un petit cercle blanc, on a une bande colorée, longue et étroite, arrondie aux deux extrémités, où l'on distingue, à la suite les unes des autres, les couleurs suivantes : violet, bleu, vert, jaune, orangé, rouge; c'est là le *spectre solaire*.

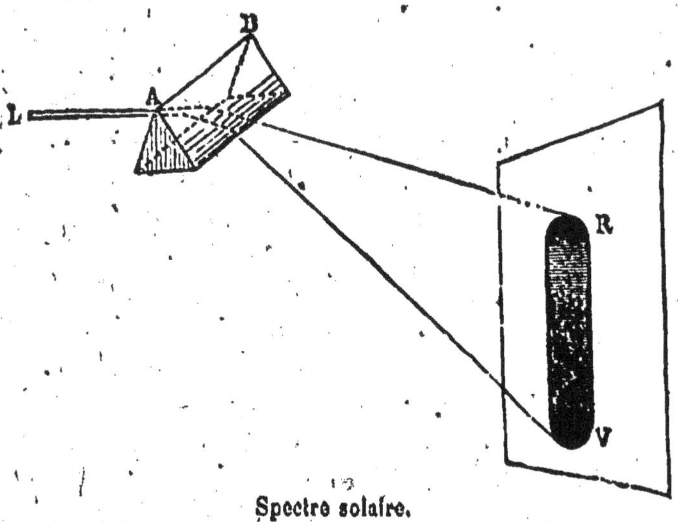

Spectre solaire.

Le rayon solaire figuré par LA pénètre dans le prisme de verre AB, se brise une première fois à l'entrée, puis une seconde fois à la sortie, et vient s'épanouir sur l'écran en une image RV qui est le spectre. R marque la place du rouge, V celle du violet. Entre ces couleurs extrêmes se trouvent les autres couleurs. — L'image est longue et arrondie aux extrémités; les couleurs forment des bandes perpendiculaires à RV, et qui, par leurs bords, se fondent les unes dans les autres.

Les couleurs ne forment pas des taches limitées, à contours nets; elles se fondent, au contraire, les unes dans les autres; c'est par des nuances insensibles que le spectre passe du violet au bleu, du bleu au vert, etc. On y trouve donc non seulement les couleurs, mais les diverses nuances d'une même couleur, ainsi que les mélanges de ces couleurs et de leurs nuances.

Le spectre résultant du passage d'un rayon de lumière à travers un prisme, on dit que le prisme a *décomposé* la lumière blanche, et que celle-ci est un mélange de toutes les couleurs. Le prisme opère, pour ainsi parler, la dissection de la lumière; il en sépare les divers éléments, les « disperse » et les fait paraître chacun avec ses qualités propres : d'où le nom de *dispersion* donné à ce phénomène.

*
* *

Si tous les rayons colorés dont se compose le rayon blanc étaient également déviés, ils sortiraient du prisme

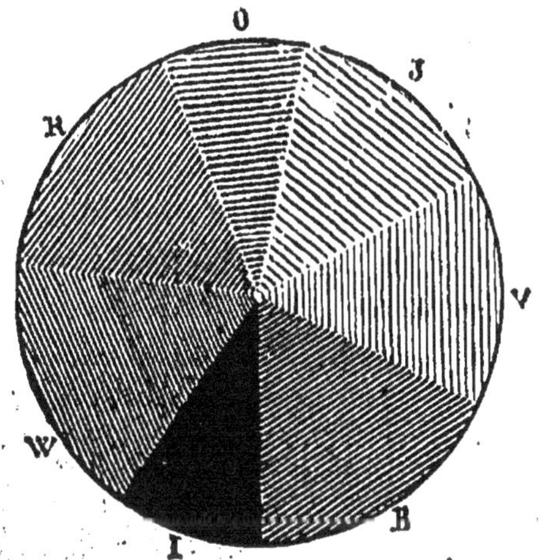

Disque de Newton.

Les secteurs indiqués par des hachures se rapportent aux diverses couleurs. W indique le violet, et V le vert. Les surfaces des secteurs sont proportionnelles à l'étendue des couleurs dans le spectre.— Un mécanisme permet de faire tourner rapidement le disque.

comme ils y entrent, c'est-à-dire réunis, et dès lors le rayon émergeant serait blanc comme le rayon incident. Mais les divers rayons sont *inégalement réfrangibles,* et c'est la cause de leur séparation pendant la traversée du prisme et à la sortie.

*
* *

On peut recomposer la lumière blanche avec les lumières colorées par des moyens divers.

En rassemblant les rayons colorés du spectre à l'aide d'une lentille convexe ou d'un miroir concave, on retrouve au foyer où ils se rassemblent un point blanc.

Ou bien on dispose sur un cercle les couleurs spectrales dans l'ordre où elles se trouvent dans le spectre et avec l'étendue qu'elles y occupent; puis, faisant tourner rapidement le cercle devant les yeux, on reçoit en un même instant l'impression des diverses couleurs; elles viennent, pour ainsi dire, se superposer, se mêler dans nos yeux, par suite de la rapidité du mouvement : or le cercle paraît blanc. Ce disque porte le nom de *disque de Newton*.

Franklin.

FRANKLIN (Benjamin) naquit à Boston (Amérique du Nord) le 17 janvier 1706. Il était le huitième des dix enfants issus d'un second mariage de son père; sept étaient nés du premier. Sa mère était une vraie mère : elle avait nourri ses dix enfants. Son père était un homme d'un esprit judicieux et d'un jugement sûr, que ses concitoyens choisissaient volontiers comme arbitre dans leurs différends. Il n'eut donc sous les yeux que de bons exemples et n'entendit guère que de sages avis. Son père l'envoya aux petites écoles voisines jusqu'à l'âge de dix ans, puis il le prit auprès de lui dans la fabrique de chandelles et de savon qu'il dirigeait. Le jeune Franklin montra peu de goût pour l'industrie paternelle. Ce que voyant, son père le conduisit dans des ateliers où on l'initia à divers métiers, après quoi le choix s'arrêta sur celui de coutelier. Mais lorsqu'il s'agit de débattre les conditions de l'apprentissage, elles étaient si onéreuses que le père de Franklin dut renoncer à poursuivre dans cette voie.

Ce n'était pas chose facile alors que d'apprendre un métier. Le patron exigeait un long temps d'apprentissage, et souvent l'apprenti ne recevait aucun enseignement du métier et ne l'apprenait qu'à la longue, en regardant les ouvriers travailler.

Comme Franklin avait pour la lecture une véritable passion, qu'il lisait tous les livres qui lui tombaient sous la main, qu'il en achetait avec ses petites économies d'enfant, cela suggéra à son père l'idée d'en faire un imprimeur[1]. Ainsi, pensait-il, l'enfant pourrait donner carrière à son goût. Il le mit donc en apprentissage chez un autre de ses fils, James, imprimeur à Boston. Celui-ci le prit à la condition de le conserver comme apprenti jusqu'à l'âge de vingt et un ans. Malgré d'aussi dures conditions, le père de Franklin consentit.

Bien jeune encore, comme on voit, pourvu d'une instruction très insuffisante, Franklin néanmoins s'essaya à écrire et débuta par des vers. Son frère, qui ne paraît pas avoir eu plus de délicatesse au point de vue moral que de goût littéraire, voulut exploiter cette disposition : il lui fit faire deux ballades, « toutes deux de misérable étoffe, dit Franklin, en vrai style de chansons d'aveugle » ; puis, les ayant imprimées, il l'envoya les vendre par la ville. Le succès fut très grand malgré l'imperfection de l'œuvre ; mais le père de Franklin mit bien vite fin à ce commerce. Il rabaissa la vanité du jeune Benjamin en lui montrant combien ses vers étaient médiocres et fit comprendre au frère aîné qu'il n'était pas convenable d'agir ainsi. Franklin écrivit alors en prose et reçut de son père une nouvelle leçon à cette occasion. Celui-ci lui fit remarquer la faiblesse de son travail et ce qu'il révélait d'inexpérience et d'insuffisance. Franklin comprit la sagesse des avis paternels, bien qu'il ne fût encore qu'un enfant ; il se mit à l'œuvre en vue d'acquérir les qualités qui lui manquaient. Il y arriva à l'aide de lectures et d'exercices de son invention qu'il s'imposait rigoureusement. Ainsi il apprit par cœur des extraits de certains recueils[2], qu'il cherchait à reproduire ensuite de vive voix et par écrit. Comme il faisait facilement des vers

1. Lié avec des commis de librairie, il leur empruntait des livres, qu'il fallait rendre promptement et en bon état. « Souvent, dit-il, je lisais dans ma chambre la plus grande partie de la nuit, lorsque le livre que j'avais emprunté le soir devait être rendu le lendemain matin, de peur qu'on ne s'aperçût qu'il manquait. » Les premiers livres qu'il lut, et qui, de son propre aveu, exercèrent une grande influence sur sa conduite, sont l'*Essai sur les projets*, de Foé, les *Tentatives pour faire le bien*, de Mather, et la *Vie des hommes illustres*, de Plutarque.

2. Le *Spectateur* d'Addison, recueil de conseils moraux.

médiocres, il s'exerça à les transformer en prose passable. Peu à peu son goût s'épura, sa phrase devint claire, correcte et simple; il mit de l'ordre dans ses idées et acquit en outre une certaine facilité d'élocution.

Vers 1720, son frère avait fondé un journal, le second qui eût paru en Amérique. — On pensait alors qu'un seul journal suffisait[1]. — Dévoré de l'envie d'écrire, le jeune Franklin le fit sous le voile de l'anonyme. Déguisant son écriture, il écrivit un article qu'il glissa dans la boîte du journal de son frère. L'article parut; d'autres suivirent. Quand le succès fut certain, Franklin se découvrit et manqua sans doute de modestie. Bientôt après, à la suite d'une discussion avec son frère, qui le frappait souvent, il quitta Boston et se rendit d'abord à New-York, puis à Philadelphie, où il trouva de l'ouvrage chez Keimer et où il fit connaissance avec M. Read, le papetier dont il devait plus tard épouser la fille. Il y exerça son métier d'imprimeur, et, quoique sans ressources à son arrivée, il parvint rapidement à s'en créer grâce à un labeur incessant, à une vie frugale et à un rare esprit d'ordre et d'économie. Franklin était, en vérité, un ouvrier modèle qui devait se faire remarquer dans tous les ateliers qu'il traversait. Exact, laborieux, sobre, honnête, il exerçait par son exemple, par les services qu'il rendait, une réelle influence sur ses camarades d'atelier, qui finissaient par l'imiter et par acquérir, grâce à lui, de bonnes habitudes. Il a laissé dans de nombreux écrits, où une simplicité gracieuse se mêle à une bonhomie spirituelle et enjouée, les règles, d'ailleurs fort simples, d'après lesquelles il s'est guidé si heureusement dans sa longue, brillante et heureuse carrière. La simplicité des moyens par lesquels on s'élève ne doit pas nous étonner, car ce ne sont pas les règles qui importent : les règles ne manquent jamais; le difficile c'est de s'y conformer.

Vers la fin d'avril 1724, Franklin retournait à Boston après une absence de sept mois, pendant lesquels il n'avait pas donné signe de vie à sa famille. Après un court séjour, ayant de nouveau reconnu l'impossibilité de vivre avec son frère, il reprit la route de Philadelphie, où le gouverneur de l'État de

1. En 1771 il y en avait vingt cinq; en 1837, huit cents; actuellement, on les compte par dizaines de mille.

Pensylvanie, William Keith, lui montra une vive sympathie et voulait l'établir. Il y retrouva miss Read, pour laquelle il éprouvait une affection qu'elle semblait partager. Mais il n'avait que dix-huit ans, et sa position n'était pas faite. Le mariage ne put avoir lieu.

Il quitta Philadelphie pour se rendre en Angleterre chercher l'outillage nécessaire à son installation. C'est pendant la traversée qu'il fit connaissance de M. Denham, un excellent homme avec lequel il devait se lier plus intimement. Il arriva à Londres le 24 décembre 1724. Là comme ailleurs, Franklin eut bientôt de l'ouvrage, et, grâce à son travail et à sa sobriété, il se trouva dans une aisance relative. Après dix-huit mois de séjour en Angleterre, son vieil ami Denham lui proposa de retourner avec lui à Philadelphie, où il serait employé dans son commerce. Franklin accepta. Ils partirent le 23 juillet 1726 et arrivèrent à Philadelphie le 11 octobre, après une traversée de onze semaines[1]. Miss Read était mariée.

Franklin était à peine au courant de son nouvel état qu'il perdait son protecteur. L'excellent Denham mourut en février 1727. Franklin dut se remettre à son ancien métier et rentra chez Keimer, d'abord comme ouvrier, puis comme contremaître ou factotum. Il releva la maison. Peu après, avec l'aide d'un associé, il fonda une imprimerie, dont les débuts furent des plus modestes et qui devint rapidement florissante, grâce à la rectitude de sa conduite. « Je demeurai convaincu, dit-il, que la probité et la sincérité dans les transactions entre les hommes étaient ce qui importait le plus au bonheur de la vie. » Ce sont là des conseils particulièrement bons à recueillir venant de Franklin, et dont les jeunes gens peuvent s'inspirer ; ils contre-balanceront les conseils pernicieux qu'ils reçoivent trop souvent et atténueront au moins les déplorables effets des exemples dont ils sont témoins lorsqu'ils n'ont pas encore acquis l'expérience et le savoir nécessaires à la conduite de la vie.

Le mari de Miss Read avait disparu. Au bout de quelques années on supposa qu'il était mort. Le 1er septembre 1730 Franklin épousa la jeune veuve, qui devait être pour lui une compagne fidèle et aimante et une associée laborieuse et

1. On fait aujourd'hui ce trajet en une semaine environ.

capable. Il en eut plusieurs enfants : William, mort en 1813, à l'âge de quatre-vingt-deux ans, qui fut le dernier gouverneur de New-Jersey; Francis-Folger, qui mourut à quatre ans de la petite vérole, et une fille qui épousa M. Bache, morte en 1808, à l'âge de soixante-quatre ans.

Dans cette première partie de sa vie, Franklin montrait déjà les rares qualités qui devaient le conduire à la fortune et en même temps lui assurer l'estime, la considération, la vénération publique. Il poursuivait avec méthode et avec suite l'amélioration de ses heureuses facultés et l'extirpation ou tout au moins l'atténuation de ses défauts. Il s'appliqua à conduire sa vie avec sagesse, prudence et habileté, mais il ne se laissa pas détourner des nobles aspirations par les préoccupations de la vie pratique. Son but était d'arriver à la fortune pour conquérir l'indépendance, et à l'indépendance pour atteindre la plus grande somme de perfection morale. Doué d'un grand sens pratique, d'un bon sens exquis, d'une bonté active, il chercha les procédés les plus ingénieux et les plus efficaces en même temps pour obtenir un résultat matériel ou moral. Personne ne saura mieux mettre l'habileté au service de la vertu.

Tant de qualités, et parmi les plus rares et les plus belles, lui valurent, à plusieurs reprises, la sympathie et l'amitié de personnages de haut rang ou de grande situation, qui l'encourageaient ou le patronnaient. Son honnêteté et son habileté devinrent proverbiales. Il en usa pour la plus grande gloire de sa patrie.

Deux ans après son mariage (1732), il fit paraître l'*Almanach du Bonhomme Richard,* dont la publication fut continuée pendant vingt-cinq années consécutives avec le plus grand succès. « J'en vendais, dit-il, dix mille exemplaires tous les ans. Voyant qu'il était généralement lu et répandu dans toutes les parties de la province, je le considérai comme un véhicule très propre à la propagation de l'instruction parmi le peuple, qui achetait rarement d'autres livres. Je remplis donc tous les petits espaces qui se trouvaient entre les jours remarquables du calendrier par des sentences proverbiales, choisissant celles qui étaient propres à inspirer l'amour du travail et de l'économie... Je réunis ces proverbes, qui conlonaient la sagesse des siècles et des nations, et j'en formai un discours suivi, que je mis en tête de l'almanach de 1757... »

Peu d'ouvrages ont eu l'heureuse fortune de cet almanach, mais il en est moins encore qui l'aient méritée d'une manière aussi absolue. Franklin a inauguré dans son pays la vulgarisation de la morale pratique, la seule d'ailleurs qu'on puisse répandre dans les masses. *La Science du Bonhomme Richard* est un petit chef-d'œuvre d'exposition simple, naïve, familière, animée, gaie, vive, avec une pointe de malice ou d'ironie. C'est l'œuvre caractéristique de Franklin; elle est bien l'expression fidèle de l'homme prudent, habile, avisé, en même temps que loyal, sincère et bienfaisant; on y retrouve son esprit essentiellement pratique associé à des sentiments nobles et délicats.

« Il a manqué, dit Sainte-Beuve, à cette nature saine, droite, habile, frugale et laborieuse de Franklin, un idéal, une fleur d'enthousiasme, d'amour, de tendresse, de sacrifice, tout ce qui est la chimère et aussi le charme et l'honneur des poétiques natures. »

Franklin devait recevoir la récompense de sa vertu : ses concitoyens lui donnèrent les témoignages les plus vifs de leur respect et de leur attachement.

En 1736, il fut nommé secrétaire de l'*Assemblée générale de Pensylvanie;* en 1737, *délégué du maître général des postes à* Philadelphie; en 1747, *membre de l'Assemblée* dont il n'était que le secrétaire, et en 1753 *maître général des postes en Amérique.*

Entre temps, il institue une garde de nuit pour veiller à la sécurité publique, il fonde la première compagnie de ceux qui sont devenus plus tard les sapeurs-pompiers. Il invente des cheminées économiques (1742) et refuse de prendre un brevet; il crée une milice nationale (1744) pour la défense de la frontière contre les Indiens; il s'occupe de la création d'établissements d'enseignement (1750), du pavage et du nettoyage des voies publiques (1751), etc.

En 1747, parvenu par son travail à une honnête aisance, il se livra à son goût pour les sciences, s'occupa avec succès d'électricité, d'agriculture, de questions économiques, et dans ses études apporta l'esprit d'observation et la netteté de vues qui l'avait si heureusement servi dans ses autres travaux.

Lorsque les difficultés commencèrent à naître entre les colonies et la métropole, il se trouva tout naturellement désigné pour représenter ses concitoyens et partit pour Londres en 1757, chargé par l'Assemblée de porter un message au roi. Pendant son séjour à Londres, il fut accueilli dans les sociétés savantes et prit part à leurs travaux tout le temps que ne réclamaient pas les affaires publiques. En 1762, il retournait en Amérique, après l'heureuse issue de sa mission.

De nouvelles difficultés surgirent bientôt entre les colonies et la métropole. Elles devaient se terminer par une rupture éclatante, d'ailleurs prévue. Franklin retourna à Londres, où l'excitation des esprits et la mauvaise foi du gouvernement devaient paralyser ses efforts pour mener à bien sa mission. Désormais les colonies marchaient irrésistiblement vers leur affranchissement. Franklin, partisan de l'indépendance des colonies, président de la Convention nommée en Pensylvanie, principal auteur de la Constitution que s'était donnée ce pays, fut désigné pour venir réclamer l'aide de la France. Déjà, en 1767 et en 1769, il était venu dans notre pays et y avait reçu le meilleur accueil; l'Académie des sciences l'avait élu *associé étranger* en 1772. Sa réputation était alors européenne comme savant, comme moraliste, comme patriote. La France le combla et s'éprit d'un bel enthousiasme pour la cause américaine; le 6 février 1778 un traité d'alliance offensive et défensive était signé entre la France et le pays qui devait désormais s'appeler les *États-Unis*. Le 3 septembre 1783, après plusieurs années d'hostilités, un traité de paix était conclu entre la France, l'Espagne, l'Angleterre et les États-Unis, et assurait l'indépendance de cette dernière nation.

Vers la fin de juillet 1785, après quelques années de séjour en France, où on n'avait pas cessé de le fêter, il retourna à Philadelphie. A son arrivée le peuple tout entier l'accueillit avec les démonstrations de la joie et de l'admiration la plus vive. On le porta en triomphe au bruit des cloches et du canon, et il dut recevoir les adresses d'un nombre considérable de députations. Quel contraste entre ce retour triomphal et l'arrivée du petit imprimeur, cinquante ans auparavant, n'ayant que quelque monnaie dans sa poche, mal vêtu et mangeant dans les rues un simple morceau de pain. Il vécut encore cinq ans, rendant toujours de nouveaux services à sa patrie, et mourut le 17 avril 1790, à l'âge de quatre-vingt-quatre ans et trois mois, laissant une réputation glorieuse et sans tache.

Lorsque la nouvelle de la mort de Franklin parvint en France, la Constituante siégeait. Une discussion venait de finir; on réclamait l'ordre du jour, lorsque Mirabeau se leva et prononça ces mots :

« Franklin est mort ! » Aussitôt un profond silence succéda à l'agitation.

« Franklin est mort !

« Il est retourné au sein de la divinité, le génie qui affranchit l'Amérique et versa sur l'Europe des torrents de lumière !

« Le sage que deux mondes réclament, l'homme que se disputent l'histoire des sciences et l'histoire des empires tenait sans doute un rang élevé dans l'espèce humaine.

« Assez longtemps les cabinets politiques ont notifié la mort de ceux qui ne furent grands que dans leur éloge funèbre. Assez longtemps l'étiquette des cours a proclamé des deuils hypocrites. Les nations ne doivent porter le deuil que de leurs bienfaiteurs. Les représentants des nations ne doivent recommander à leurs hommages que les héros de l'humanité !

« Le Congrès a ordonné dans les quatorze États de la Confédération un deuil de deux mois pour la mort de Franklin, et l'Amérique acquitte en ce moment ce tribut de vénération pour l'un des pères de sa Constitution.

« Ne serait-il pas digne de nous, messieurs, de nous unir à cet acte religieux, de participer à cet hommage rendu, à la face de l'univers, aux droits de l'homme et à l'homme qui a le plus contribué à en propager la conquête par toute la terre?

« L'antiquité eût élevé des autels à ce vaste et puissant génie qui, au profit des mortels, embrassant dans sa pensée le ciel et la terre, sut dompter la foudre et les tyrans. La France, éclairée et libre, doit du moins un témoignage de souvenir et de regret à l'un des plus grands hommes qui aient jamais servi la philosophie et la liberté.

« Je propose qu'il soit décrété que l'Assemblée nationale portera pendant trois jours le deuil de Benjamin Franklin. »

Arrivée de Franklin à Philadelphie, en 1785.

Et cette proposition, en faveur de laquelle MM. La Rochefoucauld et La Fayette demandaient la parole, fut adoptée aussitôt, aux acclamations de l'assemblée et des tribunes[1].

1. Extrait du codicille annexé au testament de Franklin :

« J'ai remarqué que, parmi les bons artistes, les apprentis deviennent ordinairement de bons citoyens; j'ai fait moi-même l'apprentissage d'un métier dans ma ville natale, et ensuite, à l'aide de prêts qui m'ont été faits par deux amis, je me suis établi à Philadelphie, ce qui a été le fondement de ma fortune et de tout ce que ma vie a pu avoir d'utilité. Je désire faire du bien, même après ma mort, s'il est possible, en contribuant à l'instruction et à l'avancement d'autres jeunes gens qui puissent rendre service à leur pays dans ces deux villes. Je consacre pour ces deux objets *deux mille livres sterling*, dont je donne la moitié aux habitants de Boston, tat de Massachussets, et l'autre moitié à ceux de Philadelphie, pour l'usage et dans le but dont je vais parler.

« Si les habitants de Boston acceptent ladite somme de mille livres, elle sera administrée par des citoyens de leur choix, réunis aux ministres des plus anciennes Eglises (épiscopale, congrégationnaire, presbytérienne) de la ville, lesquels la *prêteront* à cinq pour cent par an à de jeunes artisans mariés, au-dessous de vingt-cinq ans, qui auront fait leur apprentissage dans ladite ville et qui auront rempli leurs devoirs et satisfait aux obligations de leur brevet d'apprentissage de manière à obtenir un certificat de bonnes mœurs, signé au moins de deux citoyens respectables; il faudra de plus que ces deux citoyens consentent à se porter caution pour le remboursement aux échéances et pour le payement des intérêts... Ce fonds étant destiné à aider dans leur établissement de jeunes ouvriers mariés, les prêts seront proportionnés à leurs besoins, d'après l'évaluation des administrateurs, et de manière à ne jamais excéder soixante livres sterling par personne, ni être au-dessous de quinze livres sterling. Si le nombre des postulants réunissant les conditions requises est trop considérable pour permettre de donner à chacun la somme qu'il pourrait être convenable de lui accorder, on diminuera la proportion de manière à ce que chacun puisse recevoir quelque assistance. Ces secours seront d'abord peu de chose; mais comme le capital s'accroîtra par l'accumulation des intérêts, ils finiront par devenir plus considérables. Pour pouvoir servir tour à tour le plus grand nombre possible de jeunes gens et pour faciliter les remboursements, chaque emprunteur s'engagera de payer, avec les intérêts annuels, un vingtième du capital, ce qui formera tous les ans un fonds pour de nouveaux prêts.

« Je donne ma belle canne de pommier sauvage, surmontée d'une pomme d'or curieusement travaillée en bonnet de liberté, à mon ami, à l'ami du genre humain, le général Washington. Si c'était un sceptre, elle serait digne de lui et bien placée dans sa main. C'est un présent que m'a fait cette excellente Mme de Forbach, duchesse douairière de Deux-Ponts : quelques vers qui y sont relatifs doivent l'accompagner. »

On retrouve dans ce testament les marques de la bonté tout à la fois ingénieuse et pratique de Franklin.

La lettre suivante, adressée à M. Benjamin Webb, en lui envoyant dix louis, en est un nouveau témoignage :

« Mon cher monsieur,

« J'ai reçu votre lettre du 15 courant, et le mémoire qui y était joint. Le tableau que vous me faites de votre situation m'afflige. Je vous envoie ci-inclus un billet de dix louis. Je ne prétends pas vous *donner* cette somme, je ne fais que vous la *prêter*. Lorsque vous retournerez dans votre patrie, avec une bonne réputation, vous ne pourrez manquer de prendre un intérêt dans quelque affaire qui vous mettra en état de payer toutes vos dettes; dans ce cas, si vous rencontrez un honnête homme qui se trouve dans une détresse semblable à celle que vous éprouvez en ce moment, vous me payerez en lui prêtant cette somme, et vous lui enjoindrez d'acquitter sa dette par une semblable opération dès qu'il sera en

ROMAS (Jacques de) naquit à Nérac, dans le Condommois, — aujourd'hui dans le département de Lot-et-Garonne, — le 13 octobre 1713.

Il fut assesseur, puis juge au *présidial* de Nérac. — Les présidiaux étaient des sortes de tribunaux d'appel.

Il était lié avec le chevalier de Vivens, Montesquieu et son fils, le docteur Raulin, médecin par quartier du roi, les frères Duthil, les abbés Guasco et Venuti. C'est au château de Clairac, appartenant au chevalier de Vivens, qu'on se réunissait pour causer de science et de philosophie.

Mathieu Duthil, également né à Nérac et à peu près de l'âge de Romas, partageait le goût de ce dernier pour la physique et s'associa à ses travaux. C'est au château de la Tuque, appartenant à Duthil, que fut faite la première expérience de Romas, le 14 mai 1753.

Romas mourut à Nérac, le 21 janvier 1766. On a de lui plusieurs mémoires insérés dans les *Mémoires de l'Académie des sciences* (1755).

état de le faire, et qu'il en trouvera une occasion du même genre. J'espère que les dix louis passeront de la sorte par beaucoup de mains avant de tomber dans celles d'un malhonnête homme qui veuille en arrêter la marche. C'est un artifice que j'emploie pour faire beaucoup de bien avec peu d'argent. Je ne suis pas assez riche pour en consacrer *beaucoup* à de bonnes œuvres, et je suis obligé d'user d'adresse afin de faire le plus possible avec *peu*. C'est en vous offrant tous mes vœux pour le succès...

« Philadelphie, 23 juin 1780. »

LE PARATONNERRE

Romas et Franklin eurent à peu près à la même époque l'idée d'aller puiser au sein des nuages orageux l'électricité qui s'y trouve et de *ravir la foudre aux cieux*. Cette coïncidence n'est pas faite pour nous surprendre : on a pu la constater dans un assez grand nombre de découvertes. Elle ne diminuera en rien notre respectueuse estime et notre vive reconnaissance pour ces deux hommes à qui nous devons le paratonnerre.

Dans une lettre adressée, le 13 juillet 1752, à l'Académie de Bordeaux, Romas fait allusion au projet de lancer un cerf-volant au moment d'un orage. C'est ce qu'il appelle dans sa lettre *un jeu d'enfant*. Le projet ne fut mis à exécution pour la première fois qu'au mois de mai 1753, mais sans résultat. Le 7 juin de la même année, une nouvelle expérience eut lieu, avec un plein succès. Le cerf-volant fut lancé dans les allées de Nérac; il s'éleva à une hauteur d'environ 200 mètres et s'y maintint. L'extrémité de la corde était liée à un cordonnet en soie de plus d'un mètre, qui devait interrompre toute communication avec le sol par le défaut de conductibilité de la soie. Le cordonnet fut attaché à une grosse pierre sous un abri; le cerf-volant se trouvait ainsi fixé. A l'extrémité de la corde et avant le cordonnet se trouvait suspendu un petit tuyau de fer-blanc, duquel on devait tirer les étincelles. La corde était parcourue dans toute sa longueur par un fil métallique, qui la rendait conductrice.

Un grand nombre de personnes vinrent se grouper autour de Romas et se mirent à jouer avec le feu du ciel; chacun tirait des étincelles, les uns avec les doigts, d'autres avec un objet quelconque, une clef, une épée, une canne, jusqu'au moment où, à la violence des secousses, on s'aperçut que le jeu devenait dangereux.

L'expérience fut renouvelée à plusieurs reprises, toujours en présence de nombreux curieux, que la puissance des résultats frappait de surprise et de terreur.

Expérience de Romas à Nérac.

Romas fait jaillir les étincelles, à l'aide d'un excitateur, entre la corde du cerf-volant et une enclume.

On en peut juger par ce passage d'une lettre écrite par Romas à l'abbé Nollet[1] (26 août 1757) : « Imaginez-vous de voir, monsieur, des lames de feu de neuf à dix pieds de longueur (plus de 3 mètres) et d'un pouce de grosseur (3 centimètres) qui faisaient autant ou plus de bruit que des coups de pistolet; en moins d'une heure j'eus certainement trente lames de cette

1. Nollet (L'abbé Jean-Antoine), physicien (1700-1770), membre de l'Académie des sciences.

dimension, sans compter mille autres de sept pieds et au-dessous... »

C'est assurément de Romas plutôt que de Franklin que l'on pouvait dire, selon l'expression de Turgot, qu' « il ravit la foudre aux cieux[1]. »

* * *

La première nouvelle de l'expérience de Franklin à l'aide d'un cerf-volant parvint à l'Académie dans une lettre écrite par M. Watson à l'abbé Nollet. L'expérience est indiquée d'une manière sommaire. Elle est décrite avec plus de soin dans les mémoires de Franklin. Il y est dit qu' « il fit un cerf-volant en étendant sur deux bâtons croisés un morceau de soie, qui pouvait mieux résister à la pluie que du papier. Il garnit d'une pointe de fer le bâton, qui était verticalement posé. La corde était de chanvre, comme à l'ordinaire, et Franklin en noua le bout à un cordon de soie qu'il tenait dans sa main. Il y avait une petite clef attachée à l'endroit où la corde de chanvre se terminait.

« Aux premières approches d'un orage, Franklin se rendit dans les prairies qui sont aux environs de Philadelphie. Il était avec son fils, à qui seul il avait fait part de son projet, parce qu'il craignait le ridicule qui, trop communément pour l'intérêt des sciences, accompagne les expériences qui ne réussissent pas. Il se mit sous un hangar pour être à l'abri de la pluie. Son cerf-volant étant en l'air, un nuage orageux passa au-dessus; mais aucun signe d'électricité ne se manifestait encore. Franklin commençait à désespérer du succès de sa tentative, quand tout à coup il observa que quelques brins de la corde de chanvre s'écartaient l'un de l'autre et se rai-

1. *Eripuit cœlo fulmen sceptrumque tyrannis* : il ravit la foudre aux cieux et le sceptre aux tyrans.

dissaient. Il présenta aussitôt son doigt fermé à la clef, et il en tira une forte étincelle... Plusieurs étincelles suivirent la première, la bouteille de Leyde fut chargée, le choc reçu, et toutes les expériences qu'on a coutume de faire avec l'électricité furent renouvelées. »

*
* *

Cette expérience prouvait l'identité avec la foudre de l'étincelle obtenue à l'aide des machines. Entre les effets de l'étincelle électrique et ceux de la foudre il n'y a qu'une différence d'intensité. L'étincelle produit des effets mécaniques : elle perce une carte, une planchette, une lame de verre; la foudre fend les arbres, les murs, les rochers. — L'étincelle produit des effets physiques : elle échauffe, fond, volatilise des fils métalliques, elle enflamme les corps très combustibles, elle aimante le fer et l'acier; la foudre fond et volatilise les diverses pièces métalliques qui entrent dans la construction des édifices, elle allume des incendies, elle aimante les pièces de fer et modifie profondément les barreaux aimantés. — L'étincelle produit des effets chimiques : elle opère la combinaison de l'hydrogène et de l'oxygène; la foudre détermine dans l'atmosphère la formation de l'azotate d'ammoniaque que renferment les pluies d'orage. — L'étincelle produit des secousses plus ou moins fortes dans les corps organisés; la foudre frappe souvent de mort les individus qu'elle atteint. Ainsi il n'y a pas seulement de l'analogie entre ces divers effets, on peut dire qu'ils sont identiques. — A la lumière de l'étincelle correspond l'éclair ; au léger craquement qu'elle fait entendre correspondent les éclats du tonnerre ; la foudre ou le tonnerre n'est donc qu'une immense étincelle.

*
* *

D'autre part, si l'on étudie la distribution de l'électricité à la surface des corps, on constate que sur une tige pointue toute l'électricité s'accumule vers la pointe et s'en échappe comme ferait un liquide par un robinet ouvert. Une pointe fixée sur une machine ou un corps chargé d'électricité les vide rapidement. Le même phénomène se produit si l'on tient à la main une pointe dirigée vers la machine et à une faible distance. C'est là ce que Franklin découvrit et appela le *pouvoir des pointes*, et ce qui devait le conduire à l'invention du *paratonnerre*.

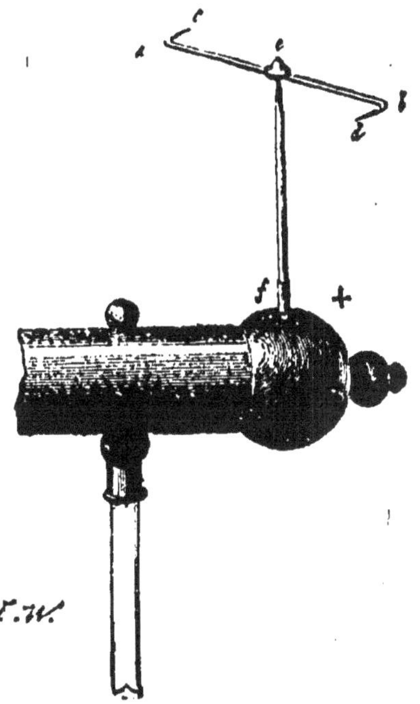

Tourniquet électrique.

En *f*, se trouve fixé verticalement à l'extrémité du conducteur d'une machine électrique le pivot de la tige horizontale *abcd*, qui peut tourner autour du point *e*, son milieu. Lorsque la machine est chargée, la tige tourne en sens contraire des pointes.

Pour démontrer ce pouvoir il faisait l'expérience suivante : « Un homme présente la pointe d'une aiguille à douze pouces de distance ou davantage du conducteur ; tant que cette aiguille est ainsi placée, le conducteur ne peut être chargé...

« Chargez le conducteur et présentez-lui ensuite l'aiguille à la même distance : il sera déchargé à l'instant.

« Dans l'obscurité vous pourrez voir une lumière sur la pointe... »

Si l'on se sert d'un corps arrondi au lieu d'un corps pointu, il faut approcher beaucoup plus du conducteur chargé pour le décharger, et *la décharge se fait alors avec un coup et un craquement*.

Il varia ensuite cette expérience de diverses manières.

« Maintenant, dit Franklin, si le conducteur se décharge sur le corps arrondi, un nuage électrisé peut se décharger sur la terre, » et plus particulièrement sur les montagnes, les bâtiments et les arbres, dont il est moins éloigné que du sol. Si une aiguille décharge sans bruit le conducteur, une barre de fer pointue déchargera les nuages qui s'en approcheront suffisamment.

« Je demande, dit-il, si la connaissance de ce pouvoir des pointes ne pourrait pas être de quelque avantage aux hommes pour préserver les maisons, les églises, les vaisseaux, etc., des atteintes de la foudre, en nous engageant à fixer sur les parties les plus élevées des barres de fer aiguisées par le bout comme des aiguilles et dorées (pour prévenir la rouille), et à attacher au pied de ces barres un fil d'archal descendant le long du bâtiment en terre ou le long des haubans d'un vaisseau et de son bordage jusqu'à fleur d'eau.

« N'est-il pas probable que ces barres tireraient sans bruit le feu électrique du nuage avant qu'il vînt assez près pour frapper, et que, par ce moyen, nous serions préservés de tant de désastres soudains et terribles? »

Il demandait qu'on fît une expérience. Cette expérience fut faite près Paris, à Marly, par Dalibard et Delor, puis répétée ailleurs; elle confirma les prévisions de Franklin.

*
* *

Lorsqu'un nuage électrisé stationne au-dessus d'un édifice, d'un arbre ou d'un monticule, en un mot d'un point plus rapproché du nuage que les points environnants, le point culminant se trouve électrisé par influence, et la foudre peut alors le frapper. Naturellement, l'influence est d'autant plus énergique que la distance entre le nuage et l'objet terrestre est plus faible;

aussi la foudre tombe-t-elle plutôt sur un clocher que sur une maison, sur un arbre que sur le sol.

Si l'édifice influencé par un nuage est muni d'un paratonnerre, son électricité neutre est décomposée, l'électricité contraire à celle du nuage s'écoule par le paratonnerre pour aller neutraliser celle du nuage, qui dès lors devient inoffensif. En même temps, par la base de ce même conducteur s'écoule en sens contraire, c'est-à-dire vers le sol, où elle se perd, l'électricité semblable à celle du nuage. Voilà pourquoi il importe qu'aucune interruption n'existe dans le conducteur.

Paratonnerre.

Le puits dans lequel vient se terminer le conducteur est représenté ouvert, afin de laisser voir l'extrémité du conducteur.

Le conducteur doit se diviser en pénétrant dans le sol et plonger dans un puits ou dans une nappe d'eau aussi étendue que possible, afin d'assurer la déperdition de l'électricité.

Autant un paratonnerre est utile lorsqu'il est en bon état, autant il est dangereux si son conducteur est rompu. Alors, en effet, le flux d'électricité qui descend ne dépasse pas le point où est la rupture, s'y amasse et agit sur la maison. C'est donc comme si l'on amenait la foudre dans l'édifice que le paratonnerre est censé protéger.

On admet qu'un paratonnerre protège l'espace qui l'environne dans un rayon égal à deux fois sa hauteur. Mais ce qui convient le mieux pour une protection efficace, c'est de multiplier ces appareils le plus possible, en reliant entre eux leurs conducteurs.

Jouffroy d'Abans.

JOUFFROY D'ABANS (Claude-François-Dorothée, marquis de) naquit le 30 septembre 1751 à Roche-sur-Rognon, alors en Franche-Comté, aujourd'hui dans le département du Doubs.

Le jeune Jouffroy fit ses études chez les dominicains de Quingey, petite ville bien connue, située tout près du château paternel. On lui apprit quelque peu de lettres, d'histoire et de philosophie, comme il convenait à un fils de famille. Mais un penchant irrésistible l'entraînait vers les arts mécaniques. Les travaux manuels lui devinrent bientôt familiers : il apprit facilement à travailler au tour et à la forge et exécutait toutes sortes de petits ouvrages de menuiserie. Toute machine l'intéressait ; il en examinait attentivement les organes ; il aimait à en deviner le jeu et à se rendre compte de son fonctionnement. C'était pour lui comme un problème qui le captivait plus encore par amour de la recherche que pour le plaisir de la solution trouvée. Cette sorte de curiosité qui porte l'enfant à démonter ou à briser ses jouets, Jouffroy l'éprouvait au plus haut degré, mais sans qu'il s'y mêlât l'instinct de la destruction.

Ses parents ne voyaient pas sans mécontentement de semblables aptitudes : imbus des préjugés de l'époque, ils auraient cru déchoir de leur rang en laissant leur fils choisir une carrière industrielle. Ils contrariaient volontiers ses goûts plébéiens. La carrière des armes convenait seule à l'aîné d'une famille noble. Que n'avaient-ils médité la maxime de La Rochefoucauld qu'*il vaut mieux déroger à sa qualité qu'à son génie !*

Ces persécutions le poursuivirent durant toute sa vie. Même dans l'armée un choix était à faire, et lorsqu'il voulut entrer dans les armes savantes de l'artillerie ou du génie, la noblesse frivole des salons prétendit que ces armes ne convenaient qu'à la bourgeoisie.

En 1764, à l'âge de treize ans, il entra comme page au service de la Dauphine Marie-Josèphe de Saxe, qui fut la mère de Louis XVI. A la mort de celle-ci, en 1767, Jouffroy retourna au château d'Abans et y resta jusqu'à sa vingtième année. Il fut alors nommé sous-lieutenant au régiment de Bourbon. Des qualités du soldat il ne paraît guère avoir eu que la bravoure. Il se pliait difficilement aux exigences de la discipline et ne savait pas obéir. A la suite d'une de ces incartades dont il était coutumier, une lettre de cachet l'envoya en exil à l'île Sainte-Marguerite, une des îles de Lérins, en face de Cannes, où avait été enfermé précédemment l'*homme au masque de fer*.

Arrivé là, il se promit de tout faire pour s'évader. Le gouverneur, devant lequel il eut l'imprudence ou la hardiesse de s'en vanter, le fit mettre au cachot et le soumit à une sur-

L'île Sainte-Marguerite.

veillance rigoureuse. Mais Jouffroy, fort adroit de ses mains et habile dans les travaux manuels, s'était muni d'un ressort de montre, à l'aide duquel il parvint à scier les barreaux de sa prison. On lui mit alors les menottes, dont il sut se débarrasser de la même manière. Naturellement un redoublement de rigueur fut la conséquence de cette persistance dans l'insoumission.

Cette retraite forcée de deux ans ne devait pas être pour lui sans profit; il fit de nombreuses observations sur le mouvement des navires qu'il voyait passer sous sa croisée; il devait plus tard en recueillir le fruit. Aussi, au terme de sa détention, en 1774, ses idées avaient mûri, et son invention était en germe dans son esprit. Il était temps pour lui de revenir dans sa famille.

Jouffroy ne fit pas d'ailleurs un long séjour à Abans; il mit rapidement ses affaires en ordre et se hâta de partir pour Paris afin de mettre son projet à exécution. Il y arriva en 1775.

Tout Paris se portait alors sur la rive droite de la Seine, à l'extrémité du cours la Reine, en aval du fleuve, au pied de la hauteur de Chaillot, où se trouvait la pompe à feu, que nous appellerions aujourd'hui la pompe à vapeur. C'était une machine à vapeur installée par Périer[1], faisant mouvoir les pompes destinées à approvisionner Paris d'eau de Seine. On a pu la voir jusqu'en 1854, époque où elle fut remplacée par la machine actuelle. Un membre de l'Académie des sciences, Périer, constructeur de machines, qui possédait de vastes ateliers, avait rapporté d'Angleterre en France le premier spécimen de machine à vapeur de Watt.

C'était la merveille du jour, l'invention la plus récente et la plus étonnante par la grande puissance qui lui venait d'un peu de vapeur d'eau. Dès son arrivée, Jouffroy court chez Périer et obtient une entrée particulière, afin de pouvoir, à l'écart de la foule, examiner à son aise la curieuse machine. Dès qu'il en a bien compris la marche, il entreprend de l'adapter à un appareil de propulsion pour les navires, supérieur aux moteurs employés. On ignorait alors que Papin

1 Jacques-Constantin Périer (1742-1818).

avait imaginé, au commencement du siècle, un bateau mû par des roues animées par la vapeur[1].

Jouffroy fit part de son projet à Périer et à quelques amis comme lui très adonnés aux études scientifiques. Périer ne partageait pas les idées de Jouffroy, et dès lors celui-ci, très jeune, sans notoriété, ne pouvait lutter avec avantage contre un savant connu, un membre de l'Académie des sciences. Et pourtant c'est Périer qui se trompait, ainsi que le démontra son échec. Dès lors Périer, dépité, abandonna l'affaire; Jouffroy quitta Paris et se retira tout près de la petite ville de Baume-les-Dames. Il y fit d'heureux essais, qui relevèrent son courage et l'affermirent dans ses idées.

Il semblait désormais qu'aucun obstacle ne dût entraver la marche de Jouffroy. Une compagnie financière fut fondée à Lyon pour organiser un service de transports par les bateaux à vapeur. Tout naturellement elle réclamait un privilège, qui fut demandé au roi. La réponse du ministre ne fut pas telle que Jouffroy était en droit de l'espérer. M. de Calonne répondit que l'épreuve faite à Lyon était insuffisante, qu'elle devait être renouvelée à Paris. Il avait consulté l'Académie des sciences, où Périer se trouvait et où ce dernier avait été désigné comme commissaire rapporteur. La séance où on discuta les droits de Jouffroy comme inventeur fut scandaleuse. Toutes les rancunes mesquines se firent jour. Eh quoi! disait-on, un gentilhomme, un inconnu, qui n'était membre d'aucune Académie, se permettait d'inventer! — Il est regrettable que Périer n'ait pas aidé le jeune gentilhomme sans fortune à réaliser son projet. Il aurait ainsi, tout en faisant acte de générosité, assuré vingt ans plus tôt à notre pays les avantages de la navigation à vapeur.

Après une navigation de seize mois, le bateau de la Saône, construit d'ailleurs dans de mauvaises conditions, se trouvait hors de service. La modeste fortune de Jouffroy se trouvait compromise. Où trouver maintenant la somme nécessaire pour en construire un autre? Jouffroy expédia à Périer un modèle au vingt-cinquième de son bateau, dont il n'entendit plus parler.

1. C'est seulement en 1852 qu'un professeur de Hanovre, M. Kuhlmann, a trouvé les lettres qui consacrent la priorité de Papin.

D'illustres personnages, entre autres le duc d'Orléans, connaissant le mérite de Jouffroy et touchés de son infortune, lui conseillèrent de porter son invention en Angleterre et lui offrirent même des lettres de recommandation. Mais Jouffroy, comme plus tard Daguerre et Pasteur, rejeta bien loin ces propositions. Lorsqu'on songe qu'à cette époque il se serait rencontré en Angleterre avec l'illustre Watt en train de perfectionner la machine à vapeur, on peut mesurer l'étendue du sacrifice accompli par Jouffroy. Et quelle n'aurait pas été la prépondérance, déjà si grande, des Anglais sur les mers, s'ils avaient possédé une marine à vapeur longtemps avant les autres nations !

Jouffroy eut encore à supporter les railleries du monde : on se moqua dans les salons du gentilhomme « qui embarquait des pompes à feu sur des rivières, de ce fou qui voulait marier l'eau et le feu ». L'ignorance, l'envie, la vanité, y trouvèrent leur compte. Il aurait sans doute été frappé au cœur et ne se serait pas relevé sans l'heureuse influence de la compagne qu'il venait de choisir. Pendant son séjour à Lyon, le 11 mai 1783, deux mois avant la mémorable expérience, il épousa Mlle Madeleine de Pingon de Vallier, d'une des premières familles de Savoie. Il avait passé ce jour-là un contrat de quarante-six ans de bonheur domestique.

A l'encontre de ce qui arrive d'ordinaire aux inventeurs, sa femme avait une entière confiance en lui; sa tendresse était mêlée d'admiration. Seule elle avait le don de calmer ses impatiences et d'apaiser ses chagrins. Après chaque mécompte, elle le consolait, l'encourageait, le soutenait. Son caractère enjoué, nullement dénué de sérieux, sa douceur inaltérable, sa courageuse résignation, la simplicité de ses goûts, lui permirent de supporter sans trop de chagrin la mauvaise fortune et d'en alléger le poids à son mari.

Six ans se passent, et nous voici en 1789. Les événements se précipitent, on sait avec quelle violence. Le marquis de Jouffroy passe à l'étranger.

Le Consulat lui rouvrit les portes de la France. En 1801, ses parents étant morts, Jouffroy prit possession du château d'Abans, qui avait été préservé de la confiscation.

En 1822, à l'âge de soixante et onze ans, à bout de ressources et endetté, Jouffroy prit une grave et pénible détermination : il quitta le château d'Abans pour venir s'établir à Paris. C'est pendant ces jours d'épreuve que le courage de sa vertueuse compagne ne se démentit pas un instant. Il ne lui en coûta guère, à elle qui n'avait jamais connu le travail mercenaire, de se mettre à confectionner des ouvrages de femme pour apporter quelques ressources de plus dans le ménage.

Elle mourut en 1829, après avoir été longtemps associée à la bonne comme à la mauvaise fortune de son mari, plus souvent à la mauvaise. Elle n'avait jamais eu pour lui une parole amère, jamais une expression de regret de le voir persévérer dans ses projets, malgré des insuccès répétés, dont elle sentait bien qu'il était la victime et non la cause.

Jouffroy se vit seul, plus que seul, puisqu'il perdait une part de lui-même. Il demanda la liquidation de sa pension comme capitaine d'infanterie et un refuge à l'hôtel des Invalides, où il entra le 1er février 1831. Il s'y trouvait depuis un an, lorsqu'un jour, le 18 juillet 1832, comme il rentrait à l'hôtel, venant de voir sa sœur, il ressentit les atteintes du choléra, qui décimait alors la population parisienne. Le lendemain il expirait, à l'âge de quatre-vingt-un ans.

Tandis que Jouffroy s'éteignait, de nombreux bateaux à vapeur sillonnaient tous les fleuves; d'autres allaient traverser les mers. Celui qui avait contribué à accroître la prospérité publique, à rendre les rapports plus faciles, à diminuer la durée des trajets et à en augmenter la sécurité, ne laissait point de fortune à ses enfants, mais un nom attaché à une importante découverte. Cette gloire, on essaya de la lui ravir; mais il a pour lui les témoignages d'Arago[1] et de Trégold[2], qui le proclamèrent le premier qui eût réussi dans l'application de la vapeur à la marche des navires. Fulton, lui-même, qu'on voulut lui opposer comme un rival,

1. *Cours de l'École polytechnique*, 1827.
2. *Traité des machines*, par Trégold, 1828.

s'exprimait ainsi dans une discussion restée célèbre avec l'horloger Desblancs, de Trévoux : *Pour ce qui est de l'invention, ni M. Desblancs ni moi n'avons imaginé le pyroscaphe. Si cette gloire appartient à quelqu'un, c'est à l'auteur des expériences faites sur la Saône en 1783.*

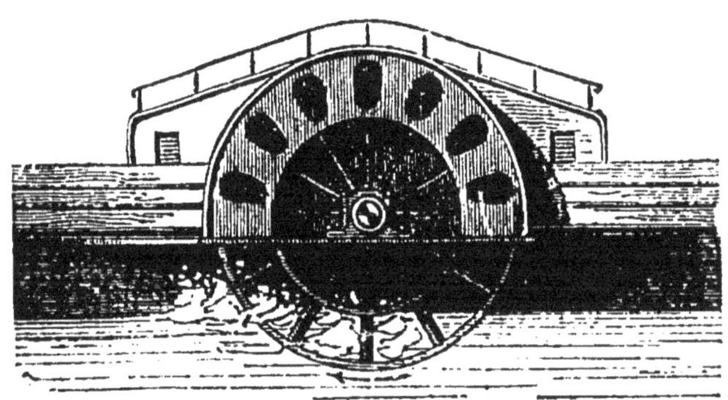

LA FORCE MUSCULAIRE, LE VENT, LA VAPEUR

La détention de Jouffroy à l'île Sainte-Marguerite ne fut pas sans influence sur le cours de ses idées. A travers les barreaux de sa prison il avait tout loisir d'observer les galères qui passaient et repassaient au pied des murs. Il les voyait glisser sous l'impulsion des rames et songea plus d'une fois aux moyens de substituer la vapeur à la force de l'homme pour augmenter la puissance de propulsion.

L'Académie des sciences avait déjà appelé l'attention du monde savant sur la question de rendre la marche des vaisseaux indépendante du vent. En 1753 elle proposa un prix[1] pour le meilleur mémoire sur le sujet suivant : *De la manière de suppléer à l'action du vent sur les grands vaisseaux, soit en appliquant les rames, soit en employant quelque autre moyen que ce puisse être.* Bernouilli eut le prix; Euler, l'abbé Gauthier, chanoine de Nancy, Mathon de la Cour et Jacob-Rodrigues Pereire, premier instituteur des sourds-muets en France, eurent chacun un accessit. Bernouilli rejette avec raison l'emploi de la machine à vapeur de Newcommen, la seule connue à cette époque, tandis que l'abbé Gauthier la préconise, en remplaçant toutefois les rames par des roues.

*
* *

Lorsque, vingt ans après, Watt eut fait faire à la machine à vapeur des progrès considérables, qui la rendaient tout à la fois plus économique, moins encom-

1. Prix fondé par M. Rouillé de Meslay, conseiller au parlement de Paris. (Le prix avait été fondé en faveur des savants qui s'occuperaient de la quadrature du cercle.)

brante, plus docile et plus régulière dans sa marche, le problème de la navigation à vapeur semblait plus près de recevoir une solution. Les travaux de Papin étaient ignorés; c'est à ce moment favorable à l'éclosion de l'idée que Jouffroy fut conduit à chercher cette solution et qu'il la trouva. A la même époque, la même pensée avait pu traverser l'esprit de bien des gens. Dès qu'une force nouvelle est découverte, personne ne doute qu'on ne puisse l'appliquer à toutes les machines existantes pour remplacer les forces actuellement employées. De nos jours ne voyons-nous pas même les ignorants annoncer que l'électricité va devenir le moteur universel? Cela surprend moins aujourd'hui; les esprits sont mieux préparés, et l'intervalle est moins grand de la vapeur à l'électricité que des moteurs animés, du vent ou de l'eau, à la vapeur. On ne sait pas dans quelle mesure cette fermentation des esprits peut préparer l'invention; mais il n'y a qu'un moment où la réalisation arrive pour l'invention ou l'application, comme il n'y a qu'un moment où l'oiseau sort de l'œuf. Jouffroy conçut et exécuta; il marqua ainsi une nouvelle phase dans l'histoire de la navigation.

*
* *

Si les rivières sont « des chemins qui marchent », comme dit Pascal, il n'a pas raison d'ajouter qu'elles portent où l'on veut aller, à moins qu'on ne veuille aller dans le sens du courant. Aussi les hommes ne se sont-ils pas seulement bornés à inventer le bateau, mais aussi à découvrir le moyen de le diriger.

La vue d'un corps qui flotte a suffi pour provoquer l'invention du bateau. Le tronc d'un arbre creusé de main d'homme fut le premier navire. L'expérience apprit à lui donner la forme la plus propre à une marche aisée et rapide. Long et étroit, avec la carène tranchante, il tient, par la forme, de l'oiseau et du poisson. Sous les coups répétés de l'aviron, il s'avance, il glisse, il fend les eaux comme l'oiseau nageur, laissant derrière lui des milliers de petites vagues, nées du choc de la rame, qui réfléchissent la lumière comme autant de facettes cristallines mobiles; elles courent comme un frisson jusqu'à la rive voisine, qu'elles lavent en clapotant joyeusement.

Navire à voiles.

Puis le vent vint en aide au rameur. La voile enflée se courbe avec grâce et cède en résistant au souffle qui l'emporte. Le navire obéit comme la plume légère. Mais si l'air est paisible, le bateau reste immobile sur les eaux, attendant un vent favorable. Si, au contraire, un vent violent se lève, il saisit avec force le navire par sa voile et lui fait courir mille dangers. Ainsi le calme et la tempête sont, à des degrés divers, redoutables pour le voilier.

La vapeur vint enfin, et dès lors plus d'inquiétude, plus d'irrégularité ni d'intermittence dans la marche du navire, plus d'attente forcée et souvent pénible. Le bateau à vapeur n'est pas esclave des éléments, il ne compte pas sur le secours des vents complaisants; il part à son

Le bateau à vapeur *le Charles-Philippe*, construit par Jouffroy et lancé sur la Seine, à Bercy, le 20 août 1816.

heure et s'arrête à sa volonté; il accélère ou ralentit sa marche selon le besoin, il s'avance sur les flots en dépit des courants et des vents contraires; c'est le navire civilisé.

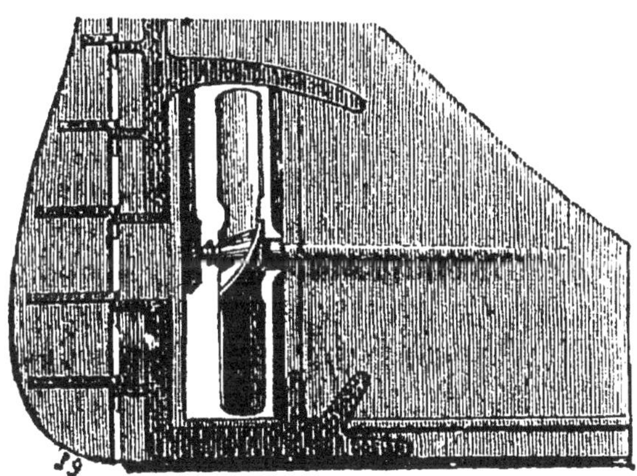

Hélice de bateau à vapeur.

La rame a cédé la place à la voile, et celle-ci à la roue ou à l'hélice. La force de l'homme a été remplacée par celle du vent, et à son tour le vent est remplacé par la vapeur, en attendant qu'une autre force se substitue à son tour à cette dernière.

UNE ANECDOTE

En 1801, Jouffroy, à peine réinstallé dans la demeure de ses ancêtres, reprit avec l'aide de ses enfants la suite de ses travaux, longtemps interrompus par les graves événements de cette époque. Pendant ce temps, son ami Follenai renouvelait la tentative de constitution d'une société pour l'exploitation du brevet qu'on allait obtenir. Jouffroy lui écrivit alors la lettre suivante, touchante par sa naïveté :

« Du 24 décembre 1801.

« Comme on me demande un petit modèle, je travaille

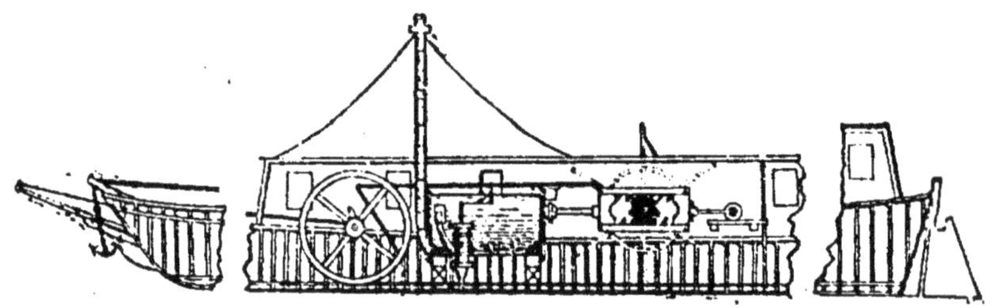

Coupe du bateau à vapeur de Jouffroy.

fort à celui que j'ai commencé ; j'y mets tous mes soins, j'espère qu'il satisfera tous ceux qui le verront. Je suis presque décidé à le porter moi-même à Paris. Je chargerai sur mon chariot deux muids de mon vin blanc vieux, et nous deux, Ferdinand (son second fils) et moi, nous le conduirons à Paris avec le reste de l'eau de cerise et le modèle. Cela ne retarderait pas beaucoup la construction du grand bateau, parce que le petit modèle a mis M. Marion, et même Achille (son fils aîné) dans le cas de se passer de moi pour beaucoup de choses, mais il faudrait dans le même temps conclure un arrangement avec des fournisseurs de fonds. Il faut que vous vous occupiez sérieusement de cet objet. Cette société ne pourrait pas faire à moins de six cent mille livres de fonds. »

Et dans une seconde lettre, datée du 21 janvier 1802, il lui disait :

« Il faut que je dépose un modèle cacheté plus neuf cents livres et que je souscrive en outre une obligation de sept cent cinquante livres. C'est ce que coûtera mon brevet pour quinze ans. Cette somme, avec mes matériaux, m'aurait suffi pour faire mon bateau ainsi que la machine, et la mettre en état de recevoir la pompe à feu. »

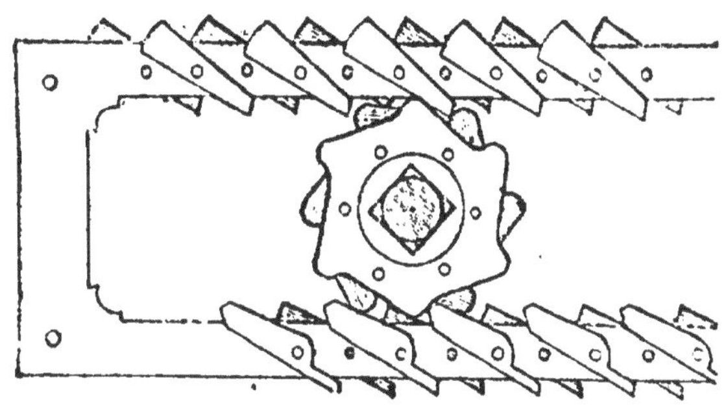

Détail de l'appareil moteur du second bateau de Jouffroy.

Le mouvement de la pièce rectangulaire fait tourner la roue dentée qui est sur l'axe des roues du bateau.

Jouffroy était pauvre alors; le modeste revenu de sa terre suffisait à peine à la subsistance de la famille, et il fallait fournir le modèle exigé. Mais Jouffroy était inventeur, et son démon familier lui inspira une résolution insensée. Il renouvela la scène mémorable où Palissy, à bout de ressources, voyant son feu près de s'éteindre et la cuisson de ses faïences compromise, jette ses meubles dans le four pour ranimer le feu. Il démolit une partie de l'antique manoir afin de se procurer le bois et le fer nécessaires à la construction du modèle ; son fils aîné Achille, monté sur le toit, disposait les cordes autour des pièces de charpente, puis en jetait les bouts à ses jeunes frères, qui tiraient de leur mieux. C'étaient des cris de joie et des rires : le vieux bois craquait et cédait, à la grande satisfaction de tous.

*
* *

Enfin, en 1801 le modèle est terminé. Notre inventeur fait descendre le modèle à Osselle, dans une presqu'île formée par le Doubs et le canal du Rhône, au pied du château, et devant le portail de Roche renouvelle ses expériences d'autrefois.

Ce ne fut pourtant qu'en 1816 qu'il obtint enfin le brevet tant désiré et qu'il put, sous le patronage du comte d'Artois, faire construire un bateau à Bercy, le *Charles-Philippe*. Le lancement eut lieu le 20 août 1816 avec un plein succès. Jouffroy allait recevoir la récompense due à son génie persévérant, lorsqu'une compagnie rivale de la sienne obtint en même temps que lui un brevet et lui fit une concurrence non moins redoutable que maladroite, qui entraîna la ruine des deux compagnies.

Cette même année, Louis XVIII, pour récompenser son dévouement, le nomma commissaire particulier dans les provinces de l'est et chevalier de Saint-Louis.

Jouffroy ne se tint pas pour battu ; il était habitué depuis trop longtemps à ces coups de la fortune. Il fondait en 1819 (12 août) une nouvelle compagnie pour fournir les fonds destinés à la construction d'un navire qui porta le nom significatif de *la Persévérance*. Il fut construit à Chalon-sur-Saône et fit souvent le trajet de Chalon à Lyon et retour. Les compagnies de transport, qui étaient très puissantes et ne voyaient pas d'un bon œil le bateau à vapeur, au lieu d'acquérir le nouveau moteur et de faire comme plus tard les directeurs de messageries, qui se sont tranformés en administrateurs de chemin de fer, suscitèrent des embarras à Jouffroy et finirent par le ruiner.

LE PREMIER ESSAI DE JOUFFROY

A la suite de ses démêlés avec Périer, Jouffroy, quitta Paris et vint s'établir non loin d'Abans, en amont du Doubs, tout près de la petite ville de Baume-les-Dames et du village de Cour-des-Baumes. Un jour qu'il était allé voir la chanoinesse de Jouffroy, sa sœur, alors prébendière de l'abbaye de Baume-les-Dames, il avait remarqué que le Doubs, au point où il reçoit le Cusancin, forme un bassin assez vaste et profond, dont les eaux sont calmes.

Ce lieu lui avait paru propice à ses desseins. Il pouvait y faire ses essais comme dans un laboratoire, sans y être troublé par les bruits de la grande ville ou dérangé par la foule des oisifs railleurs. C'était, en outre, une retraite paisible favorable au travail méditatif. Mais, précisément pour ces mêmes motifs, il devait y trouver peu de ressources. Il n'y trouva qu'un ouvrier chaudronnier, qui devint son collaborateur. On se procurait difficilement et à un prix élevé les matières premières; et pourtant, malgré des conditions si défavorables, Jouffroy parvint à construire son bateau.

La machine à vapeur mettait en mouvement des sortes de larges rames articulées, qui fonctionnaient à la manière des pattes des oiseaux palmipèdes. Tout naturellement, l'homme qui cherche un moteur pour un milieu particulier en emprunte le modèle aux animaux qui vivent dans ce milieu. Rien ne paraît plus logique que d'imiter l'oiseau si l'on veut voyager dans l'air, ou l'oiseau aquatique si l'on veut naviguer sur l'eau[1]. Mais si

1. A la fin du XVIIe siècle, un ingénieur français du nom de Du Quet avait imaginé des rames tournantes, dont le modèle avait été exposé. Pereire avait eu la pensée des rames « en réfléchissant, dit-il, sur la forme et la disposition des pieds des oiseaux aquatiques et sur leur manière de nager, et en essayant d'imiter le mécanisme de la nature. »

le vrai peut quelquefois n'être pas vraisemblable, à plus forte raison le vraisemblable est-il rarement le vrai. Quoi qu'il en soit, le bateau palmipède navigua et navigua si bien qu'il fit souvent le trajet de Montbéliard

Appareil moteur du premier bateau de Jouffroy.

à Besançon, en juin et juillet 1776, en présence de nombreux témoins, ravis et enthousiasmés, accourus sur les rives du Doubs pour voir passer, comme on disait alors, le *Pyroscaphe*[1].

Ce succès enhardit Jouffroy, d'autant que ses compa-

1. De deux mots grecs signifiant *bateau* et *feu* : bateau à feu, aujourd'hui bateau à vapeur.

triotes et ses amis renchérissaient sur son mérite, qu'il était fêté, choyé comme pouvait l'être un jeune et séduisant officier, d'un génie inventif. Il pouvait maintenant tenter une expérience plus sérieuse et sur une plus grande échelle. Le voisinage d'une grande ville lui devenait nécessaire : il y trouverait des constructeurs plus habiles et les ressources de vastes ateliers. Il partit pour Lyon. La « lentissime » Saône lui semblait particuliè-

Panorama de Lyon du côté de la Saône, avec le bateau à vapeur de Jouffroy, lancé sur la Saône le 15 juillet 1783.

rement propre à une expérience dont le résultat pouvait être compromis par un cours d'eau rapide. Il s'adressa à MM. Frères-Jean, qui étaient à la tête d'une grande usine, et leur commanda une machine à vapeur assez puissante pour mettre en mouvement un bateau qui n'avait pas moins de cent quarante pieds (46 mètres) de long sur quatorze (4^m,6) de large. Il renonça aux rames palmipèdes, qu'il remplaça par des roues à aubes qui avaient quatorze pieds de diamètre (4^m,6).

De 1780 à 1783 les habitants de Lyon et les riverains

de la Saône purent voir ce bateau, chargé de trois cents milliers (1,500 quintaux), faire à plusieurs reprises le trajet de Lyon à l'Ile-Barbe, à raison de deux lieues à l'heure. Le 15 juillet 1783, une expérience fut faite en présence de plusieurs milliers de spectateurs et devant les membres de l'Académie de Lyon. Ces derniers dressèrent un procès-verbal constatant le succès de l'opération.

Cuvier.

CUVIER (**Georges-Léopold-Chrétien-Frédéric-Dagobert**), plus connu sous le prénom de Georges, naquit le 23 août 1769 à Montbéliard, alors capitale de la principauté du même nom, appartenant au duché de Wurtemberg, aujourd'hui chef-lieu d'arrondissement du Doubs. Sa famille était originaire de la petite ville du Jura qui porte le même nom. Elle se réfugia à Montbéliard pour échapper aux persécutions exercées contre les protestants au XVIe siècle. Son père, ancien militaire dans un régiment suisse au service de la France, prit sa retraite à l'âge de cinquante ans et épousa une des demoiselles Châtel, de Montbéliard.

Une retraite très modeste, et qui n'était pas toujours régulièrement payée, obligeait les parents de Cuvier à vivre fort retirés. Ce n'était pas un sacrifice pour Mme Cuvier, que son fils nous dépeint avec raison comme une femme de beaucoup d'esprit et d'une vive sensibilité. Elle se consacra entièrement à l'éducation de son fils, dont la santé délicate réclamait toute la sollicitude maternelle; elle lui faisait répéter ses leçons, l'aidait à faire ses devoirs, bien qu'elle ne connût pas les langues anciennes. Cuvier nous raconte qu'il dut à sa mère d'être toujours le meilleur écolier de sa classe. Grâce à elle il s'éprit d'une véritable passion pour la lecture et il ne lut que de bons livres; c'est elle encore qui lui inspira cette vive curiosité de toutes choses qui fut, dit-il, le principal ressort de sa vie. Ainsi se trouve vérifié une fois de plus ce fait qu'il n'est pas d'homme illustre qui n'ait eu pour mère une femme distinguée. Comme elle savait dessiner, elle lui enseigna le dessin et lui en donna le goût. Le jeune Cuvier possédait un exemplaire de Buffon; il lui vint à la pensée d'en enluminer les gravures; mais au lieu de les colorier un peu au hasard comme font la plupart des enfants, il les peignit en suivant pas à pas les descriptions de Buffon, et cet exercice intelligent lui rendit les quadrupèdes et les oiseaux tellement familiers que peu de naturalistes, dit-il, en ont eu des idées aussi nettes qu'il les avait dès l'âge de douze à treize ans.

Il fréquenta le collège de Montbéliard jusqu'à l'âge de quatorze ans et obtint, au terme de ses études, toutes les récompenses. Ses parents le destinant au ministère évangélique, il concourut, mais sans succès, pour l'obtention d'une bourse au séminaire de Tubingue, où l'on faisait de fortes études, qui pouvaient conduire également au sacerdoce et au professorat. Il put néanmoins, grâce à un puissant patronage, entrer à l'académie ou université de Stuttgard, sorte d'institution ou une élite d'élèves, sous la direction d'un grand nombre de maîtres, se préparaient à toutes les carrières libérales et artistiques. C'était comme une école qui comprendrait toutes nos grandes écoles: Polytechnique, Saint-Cyr, Beaux-Arts, etc. Les élèves suivaient d'abord des cours généraux communs destinés à leur donner à tous indistinctement un bon fonds d'études générales, puis il y avait des cours spéciaux, sortes d'écoles d'application pour les diverses carrières. — Ne serait-ce pas là, disons-le en passant, le moyen d'asseoir toutes les études sur des bases solides, en même temps que d'éviter, par cette réunion sous le même toit de tous ces jeunes gens, cet esprit étroit, exclusif, dédaigneux, égoïste, qu'on désigne sous le nom d'esprit de corps?

Lorsqu'il fallut se décider pour une carrière, Cuvier choisit l'administration, non par goût, mais « parce qu'on s'occupait beaucoup, dans cette branche, d'histoire naturelle et qu'on y avait ainsi de fréquentes occasions d'herboriser et de visiter les cabinets d'histoire naturelle ». La carrière administrative était donc le prétexte et l'occasion de continuer son étude de prédilection.

En 1788, à l'âge de dix-neuf ans, il couronnait ses études par de brillants succès et allait obtenir un emploi, lorsqu'un de ses anciens camarades, M. Parrot, lui offrit de lui succéder comme précepteur du fils du comte d'Héricy, qui habitait Caen. La situation précaire de ses parents ne lui permettait pas d'hésiter et d'attendre une place meilleure peut-être. Il accepta.

L'orage politique grondait; la famille d'Héricy quitta Caen, et vint s'établir à la campagne, au château de Fiquainville, tout près de Fécamp, où elle passa les années terribles de 1791 à 1794. C'est là que Cuvier, livré à ses seules réflexions, sans direction, sans conseils, sans livres, mais recevant, au pied des falaises, les *leçons de choses* que donne libéralement et sans trêve la nature, conçut le plan des deux travaux qui ont le plus contribué à sa gloire: le parallèle entre les espèces animales fossiles et les espèces vivantes, et la classification du règne animal.

M. d'Héricy et Cuvier faisaient partie d'une société, académie au petit pied, où l'on s'occupait surtout d'agriculture, et dont les séances se tenaient au château de Valmont. C'est là que l'abbé Tessier, de l'ancienne Académie des sciences, agronome et médecin distingué, se rencontra avec Cuvier. Tessier, fuyant la persécution, s'était fait nommer médecin en chef de l'hôpital militaire de Fécamp. Ce fut Cuvier qui le reconnut en l'entendant parler dans la petite assemblée avec autant de talent que d'autorité. « Me voilà reconnu, s'écrie Tessier, je suis perdu. — Non, lui répond Cuvier, vous serez, au contraire, l'objet des plus tendres empressements. » Nous ne pouvions passer sous silence une rencontre qui décida de l'avenir de Cuvier, ni perdre cette occasion de parler de Tessier, nature ardente et généreuse, passionnée autant pour la science que pour le bien.

Tessier fut frappé de l'étendue et de la profondeur du savoir du jeune Cuvier. La joie déborde dans les lettres qu'il écrit à ses amis, à Paris. La rencontre de ce jeune homme lui a fait éprouver, dit-il, l'émotion que ressentit ce philosophe exilé découvrant sur une plage déserte des empreintes de pas humains. « J'ai trouvé une perle dans le fumier de Basse-Normandie. » Toutes ses lettres sont sur ce ton d'exaltation. « Vous savez, dit-il à un autre de ses amis, que c'est moi qui ai donné Delambre à l'Académie. » Il pria Cuvier d'enseigner la botanique aux internes de son hôpital. Il fit tant que Cuvier fut appelé à Paris par les professeurs du *Jardin des Plantes*. Cuvier hésita d'abord et finit par se rendre à Paris vers la fin de 1794, avec son élève le jeune d'Héricy. Les amis de la famille lui offrirent un asile pour lui et son élève.

Parmi les savants qui l'appelèrent et le reçurent à Paris, Étienne Geoffroy Saint-Hilaire lui fit l'accueil le plus cordial et se constitua son protecteur. Ils se lièrent bientôt d'une étroite amitié, qu'expliquait la similitude des goûts, des idées et du caractère. Tout ce que possédait Geoffroy fut mis à la disposition de son ami : sa maison, ses livres, ses instruments de travail. Geoffroy se félicitait d'avoir deviné Cuvier. « J'eus le bonheur, disait-il plus tard, d'avoir révélé au monde savant la portée d'un génie qui s'ignorait lui-même. » Pendant trente ans ils vécurent pour ainsi dire d'une vie commune et composèrent ensemble un certain nombre de mémoires. On raconte que dans un moment d'enthousiasme, voyant leurs efforts couronnés de si brillants succès, ils voulurent s'imposer de faire une découverte par jour. Lorsque, en 1830, une divergence de vues se produisit entre eux sur quelques points fondamentaux de l'histoire naturelle, et donna lieu à cette discussion mémorable dont les échos retentirent au dehors de l'Académie des sciences et du monde savant, on vit ce spectacle bien rare, sinon unique, de deux hommes éminents aux prises, également passionnés pour la science et pour leurs idées, et dont la tendre et vive amitié n'eut rien à souffrir ni de la vivacité de la discussion ni des ardeurs de la lutte.

Cuvier, à peine arrivé à Paris, fut adjoint à Daubenton et à Lacépède, amis, collaborateurs et successeurs de Buffon.

A partir de ce moment il ne cessa de s'élever dans la science et dans les emplois. Nous le voyons successivement membre de l'Institut, en 1796, à l'organisation de ce corps; professeur au Collège de France, en 1799; professeur au Jardin des Plantes, en 1802; secrétaire de l'Institut, puis secrétaire perpétuel, lorsque la fonction fut créée, en 1803; membre du Conseil de l'Université en 1808; maître des requêtes en 1813; enfin, chancelier de l'Instruction publique et pair de France en 1831.

Il mourut le 13 mai 1832, d'une paralysie progressive, à l'âge de soixante-trois ans.

Si l'importance de la vie s'estimait par sa durée, la vie de Cuvier paraîtrait relativement courte; mais seul le bon emploi des années en fait le prix. Tel meurt à cent ans qui n'a jamais vécu. C'est pour les plantes et les animaux seulement que la vie s'évalue par le temps écoulé. Pour l'homme, elle vaut par l'activité de la pensée et la portée des œuvres. A ce point de vue, on a peine à comprendre que si peu de temps ait pu suffire à un homme pour produire tant et de si remarquables travaux. Il est vrai que Cuvier, indépendamment de son génie, était admirablement servi par une vaste érudition, une prodigieuse mémoire, un esprit d'une rare souplesse, qui s'assimilait rapidement les choses, et une facilité surprenante à changer l'objet de son travail, à passer sans effort ni fatigue d'un sujet à un autre absolument différent. Ajoutons qu'avec des dons si rares, il arrangea méthodiquement sa vie de manière à en employer tous les instants. Dans ce but, il avait, pour chaque ordre d'études, un lieu réservé où se trouvaient rassemblés tous les éléments nécessaires à cette étude; c'étaient comme autant d'ateliers spéciaux pourvus de l'outillage approprié. Il évitait ainsi la perte de temps et l'ennui causés par la recherche du matériel spécial; il avait tout sous la main : livres, mémoires, dessins, documents de toutes sortes. A une heure déterminée il se rendait dans ces diverses retraites et consacrait à chaque catégorie d'occupations un temps fixé d'avance. Une horloge n'est pas plus régulière. Il avait inventé à son usage l'art d'utiliser tous ses instants.

A l'apogée de sa gloire, il fut cruellement atteint dans ses plus chères affections : il perdit successivement tous ses enfants, les trois premiers tout jeunes, sa fille à l'âge de vingt-deux ans.

Malgré sa grande renommée, il était resté simple et toujours accessible pour ceux qui frappaient à sa porte au nom de la science. Il apportait une grande bienveillance dans la discussion, même avec les plus jeunes savants. M. Dumas nous a raconté qu'il traitait tous les savants comme des égaux et voulait être traité par eux de la même manière. « Je le vois encore, dit Dumas, discutant avec un jeune naturaliste (peut-être M. Dumas lui-même), et soutenant son avis sans prétention, tandis que son interlocuteur répétait à chaque phrase : « Monsieur le baron! monsieur le baron! » — « Il « n'y a pas de baron ici, lui dit doucement Cuvier, il y a deux « hommes cherchant la vérité et s'inclinant devant elle. »

Cuvier avait raison; les distinctions honorifiques et les titres amoindrissent l'homme de génie, loin de le relever.

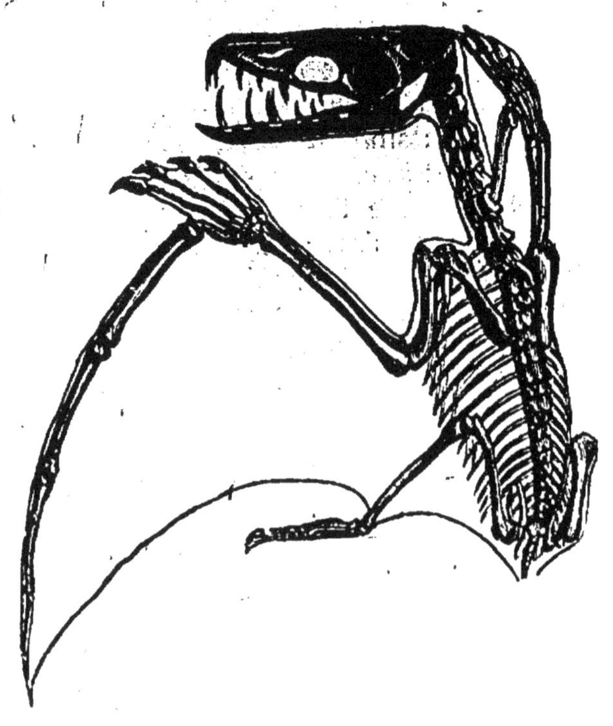

LES HARMONIES ORGANIQUES

Cuvier voyait dans tout être organisé un ensemble dont les diverses parties sont associées pour produire une action déterminée. De la sorte aucune de ces parties ne peut changer sans entraîner le changement de toutes les autres. Il en concluait que, l'une d'elles étant donnée, on peut parvenir à les connaître toutes par des déductions successives, à cause de leur dépendance mutuelle. Par exemple, si la forme d'une dent montre

Mâchoire de carnassier : le chat.
Les canines sont plus développées que les autres dents.

qu'elle est propre à déchirer la chair, c'est-à-dire tranchante et aiguë, et si; en outre, elle est solidement fixée dans la mâchoire par de nombreuses et fortes racines, ce qui la rend propre à broyer des os, on en conclura qu'elle appartient à un animal carnassier. La mâchoire doit être capable de saisir fortement une proie et d'exercer pour la déchirer un effort puissant, ce qui exige des muscles vigoureux. Tout cela se tient et s'enchaîne; ce sont des conséquences forcées. Or une pareille mâchoire ne va pas sans un squelette. Il s'agit donc d'un vertébré, mieux encore, d'un mammifère.

A ce mammifère, des griffes acérées, fixées aux extrémités de doigts robustes et mobiles sont également nécessaires pour s'emparer de sa proie, et, comme conséquence, des os de formes et de grandeur déter-

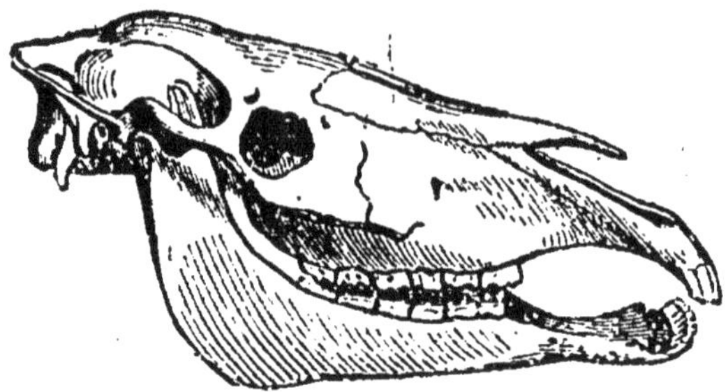

Mâchoire d'herbivore : le cheval.
Les incisives sont séparées des molaires par l'intervalle nommé *barres*.

minées mis en mouvement par des muscles énergiques, car il lui faut la force et la vitesse.

Ajoutons qu'un animal qui se nourrit de chair aura l'estomac petit et les intestins courts, d'où il résulte que sa forme sera élancée. Il doit en être ainsi sous peine

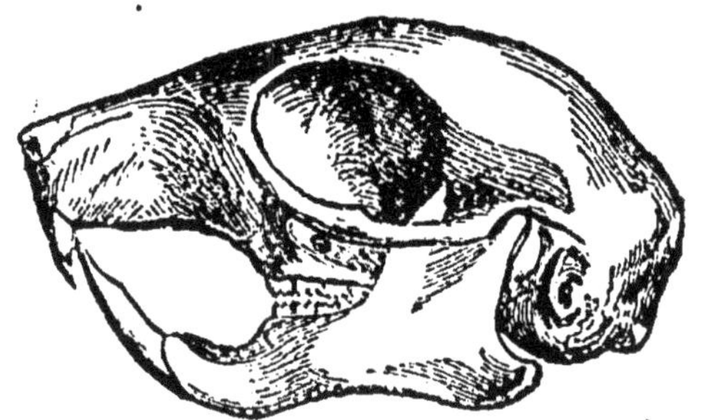

Mâchoire de rongeur : le rat.
Les incisives sont plus développées que les autres dents ; elles sont disposées comme des lames de ciseaux.

de mort pour l'animal, et on n'y peut rien modifier sans jeter le trouble dans le système, de même qu'on arrêterait une horloge en changeant les dimensions d'une seule des roues.

*
* *

Poussons plus avant : tantôt l'animal s'emparera de sa

proie par la force, tantôt par la ruse; il se jettera bravement sur elle ou l'épiera sournoisement pour l'atteindre par surprise; mais dans l'un ou l'autre cas des sens délicats lui sont indispensables; une vue perçante, une ouïe fine, un odorat plus fin encore, afin de pouvoir distin-

I. — Pied antérieur du cheval.

1, extrémité du cubitus-radius. — 2, carpe. — 3, canon ou métacarpe. — 4, 5, 6, phalanges, dont la dernière est enveloppée par l'ongle et forme le *sabot*.

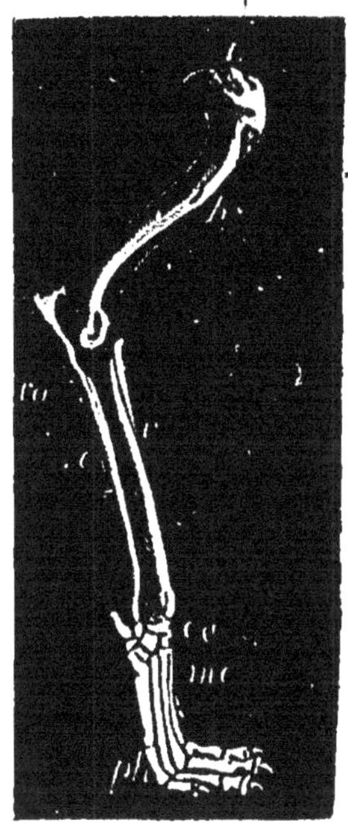

II. — Patte antérieure de chien.

h, humérus. — *c*, cubitus. — *r*, radius. — *ca*, carpe. — *mc*, métacarpe. — *ph*, phalanges.

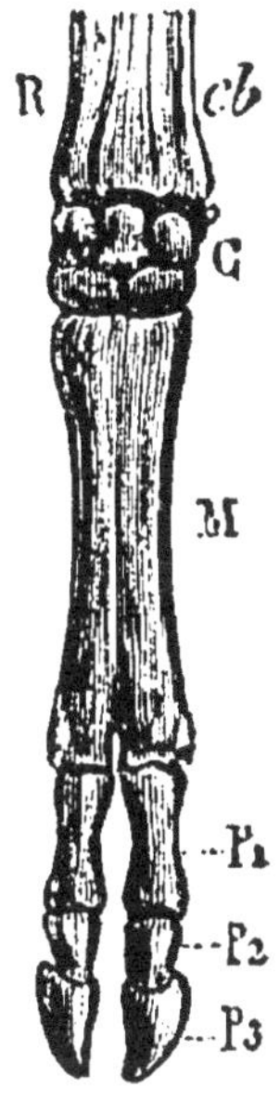

III. — Pied antérieur du bœuf.

R, radius. — *cb*, cubitus. — C, carpe. — M, canon ou métacarpe. — P1, P2, P3, phalanges; la dernière est enveloppée par l'ongle et forme le *sabot*.

guer de loin sa victime, d'en saisir les plus légers mouvements, d'en flairer les plus faibles émanations.

En continuant ainsi, on parvient à établir une corrélation étroite entre toutes les parties. Non seulement de la connaissance de la dent on déduit les autres organes, mais une quelconque des parties de l'animal donne la clef de toutes les autres, ce qui permet de reconstituer l'animal à l'aide d'un de ses débris, et, bien plus, avec une empreinte, celle de ses pieds, par exemple, laissée jadis sur l'argile molle, qui l'a conservée en durcissant.

En combinant cette loi avec les faits d'observation nécessaires pour la compléter et pour éviter des écarts que la théorie seule aurait pu faire commettre, Cuvier parvenait, avec un fragment d'os bien conservé, à rétablir l'animal dans son entier. Il appliqua fréquemment sa méthode à des os d'animaux connus, avant de s'en servir pour découvrir les animaux fossiles [1].

Il semble que rien ne soit plus aisé que d'appliquer des règles d'une logique si claire et si simple, mais lorsqu'on essaye de le faire, on se heurte à de grandes difficultés. Cela ne va pas sans une grande sûreté de vue, un savoir non moins étendu que profond, une observation pénétrante, un esprit ingénieux, à quoi il faut ajouter le don de saisir les analogies et les rapports. Trente ans de recherches assidues faites sur de véritables amoncellements d'os fossiles qui lui avaient été envoyés de toutes parts donnèrent à Cuvier une habileté qui équivalait à de la divination. « Il détermina et classa ainsi plus de cent cinquante mammifères ou quadrupèdes ovipares. »

*
* *

Écoutons-le racontant lui-même ses découvertes dans les plâtres de Montmartre, en 1798, lorsqu'on lui apporta les premiers ossements trouvés.

« Dès les premiers moments je m'aperçus qu'il y avait plusieurs espèces dans nos plâtres ; bientôt après je vis

1. Flourens devait plus tard étendre aux *fonctions* la loi de la subordination des organes et montrer qu'un certain mode de respiration entraîne comme conséquence un système circulatoire, lequel, à son tour, ne saurait exister sans les contractions musculaires, commandées elles-mêmes par l'action des nerfs.

qu'elles appartenaient à plusieurs genres et que ces espèces de genres différents étaient souvent de même grandeur entre elles, en sorte que la grandeur pouvait plutôt m'égarer que m'aider. J'étais dans le cas d'un homme à qui l'on aurait donné pêle-mêle les débris mutilés et incomplets de quelques centaines de squelettes appartenant à vingt sortes d'animaux ; il fallait que chaque os allât retrouver celui auquel il devait tenir. C'était presque une résurrection en petit, et je n'avais pas à ma disposition la trompette toute-puissante; mais les lois immuables prescrites aux êtres vivants y suppléèrent, et, à la voix de l'anatomie comparée, chaque os, chaque portion d'os reprit sa place. Je n'ai point d'expression pour peindre le plaisir que j'éprouvai en voyant, à mesure que je découvrais un caractère, toutes les conséquences plus ou moins prévues de ce caractère se développer successivement : les pieds se trouver conformes à ce qu'avaient annoncé les dents, les dents à ce qu'annonçaient les pieds, les os des jambes, des cuisses, tous ceux qui devaient réunir des parties extrêmes, se trouver conformés comme on pouvait le juger d'avance; en un mot, chacune de ces espèces renaître, pour ainsi dire, d'un seul de ses éléments. »

*
* *

Une occasion de contrôler les lois qu'il avait découvertes se présenta à Cuvier dans des circonstances restées mémorables. En 1726, Scheuchzer, médecin et théologien, mais plus théologien que médecin, fit paraître une description d'un squelette humain trouvé dans les schistes d'une petite localité (Æningen) de Hollande. Il en publia une description avec figure, intitulée : *l'Homme témoin du déluge,* ne doutant nullement qu'il n'eût en sa possession une moitié du squelette d'un homme. « Il fallait tout l'aveuglement de l'esprit de système, dit Cuvier, pour qu'un médecin pût se tromper aussi grossièrement. » Et pourtant l'opinion de Scheuchzer eut un grand crédit, si grand que soixante ans plus tard il persistait encore, et cela malgré les réclamations du grand naturaliste Camper, qui affirmait lui que le prétendu squelette humain n'était autre qu'un lézard pétrifié.

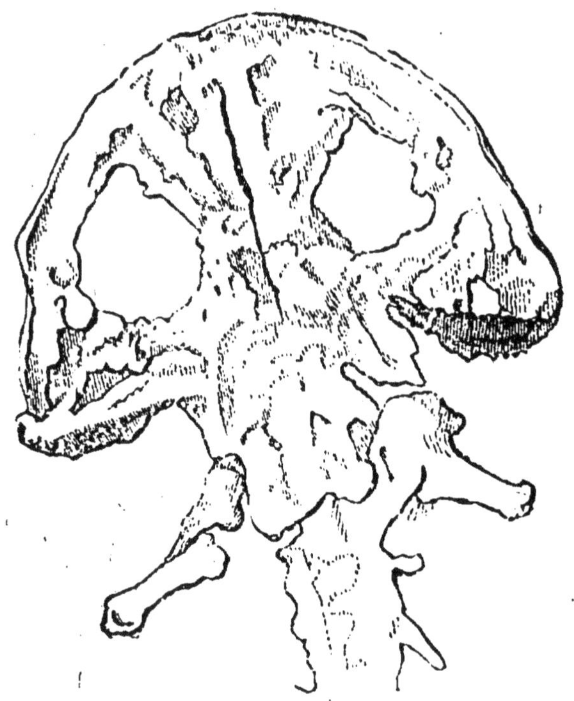

Fragment du squelette fossile de la grande salamandre.

Cuvier, ayant vu le dessin de la partie connue du squelette, confirma l'assertion de Camper; il s'agissait non d'un homme, mais d'une salamandre gigantesque. « Je suis persuadé, disait-il alors, que si l'on pouvait disposer du fossile et y chercher un peu plus de détails, on trouverait des preuves encore plus nombreuses dans les faces articulaires des vertèbres, dans celles de la mâchoire, dans les vestiges des très petites dents, et jusque dans les parties du labyrinthe de l'oreille. »

Plus tard il se rendit à Harlem (Hollande), où le fossile

La grande salamandre.

Rapportée par Humboldt des lacs de Mexico, et par Siebold du Japon. Elle atteint jusqu'à 1m,50 de longueur

se trouvait déposé au musée. Là, en présence de Van Marum, le savant directeur du musée, et d'un naturaliste, il fit fouiller la pierre pour mettre à découvert la partie cachée et par conséquent inconnue du fossile. Un dessin complet représentant le squelette d'une salamandre avait été placé à côté. Or, chaque coup de ciseau que donnait le maçon d'après les indications de Cuvier mettait à découvert une partie du squelette annoncé, pour ainsi dire, par le dessin. Cuvier rétablissait l'animal en totalité, en appliquant les lois qu'il avait lui-même découvertes, comme il avait reconstitué les espèces disparues à l'aide de leurs ossements épars. Ce fut pour lui un véritable triomphe et une nouvelle confirmation de l'exactitude de ses lois.

Une salamandre semblable fut rapportée plus tard par Humboldt, qui l'avait trouvée vivante dans les grands lacs situés autour de Mexico. Siebold en rapporta une autre du Japon.

Arago.

ARAGO (Dominique-François) naquit le 26 février 1786, à Estagel, alors en Roussillon, aujourd'hui dans le département des Pyrénées-Orientales. Son père ayant été, en 1789, nommé caissier de la monnaie à Perpignan, le jeune Arago fit ses études au collège de cette ville. En 1803, Arago, âgé de dix-sept ans, fut admis à l'École polytechnique, à la suite d'un examen dont il nous a laissé le récit et qui trouve tout naturellement ici sa place :

« Lorsque arriva l'époque de l'examen, je me rendis à Toulouse, en compagnie d'un candidat qui avait étudié au collège communal. C'était la première fois que des élèves venant de Perpignan se présentaient au concours.

« Mon camarade, intimidé, échoua complètement. Lorsque, après lui, je me rendis au tableau, il s'établit entre M. Monge, l'examinateur, et moi la conversation la plus étrange :

« Si vous devez répondre comme votre camarade, il est « inutile que je vous interroge.

« — Monsieur, mon camarade en sait beaucoup plus qu'il « ne l'a montré; j'espère être plus heureux que lui; mais ce « que vous venez de dire pourrait bien m'intimider et me pri- « ver de tous mes moyens.

« — La timidité est toujours l'excuse des ignorants; c'est « pour vous éviter la honte d'un échec que je vous fais la « proposition de ne pas vous examiner.

« — Je ne connais pas de honte plus grande que celle que « vous m'infligez en ce moment. Veuillez m'interroger : c'est « votre devoir.

« — Vous le prenez de bien haut, monsieur ! Nous allons voir « tout à l'heure si cette fierté est légitime.

« — Allez, monsieur, je vous attends. »

« M. Monge m'adressa alors une question de géométrie, à laquelle je répondis de manière à affaiblir ses préventions. De là il passa à une question d'algèbre, à la résolution d'une équation numérique. Je savais l'ouvrage de Lagrange sur le bout du doigt; j'analysai toutes les méthodes connues en en développant les avantages et les défauts : méthode de Newton, méthode des séries récurrentes, méthode des cascades, méthode des fractions continues, tout fut passé en revue; la réponse avait duré une heure entière. Monge, revenu alors à des sentiments d'une grande bienveillance, me dit : « Je pour- « rais, de ce moment, considérer l'examen comme terminé : « je veux cependant, pour mon plaisir, vous adresser encore « deux questions. Quelles sont les relations de la ligne courbe « et de la ligne droite qui lui est tangente? » Je regardai la question comme un cas particulier de la théorie des osculations que j'avais étudiée dans le *Traité des fonctions analytiques* de Lagrange. « Enfin, me dit l'examinateur, comment dé- « terminez-vous la tension des divers cordons dont se compose « une machine funiculaire? » Je traitai ce problème suivant la méthode exposée dans la *Mécanique analytique*. On voit que Lagrange avait fait tous les frais de mon examen.

« J'étais depuis deux heures et quart au tableau; M. Monge, passant d'un extrême à l'autre, se leva, vint m'embrasser, et déclara solennellement que j'occuperais le premier rang sur sa liste. Le dirai-je? Pendant l'examen de mon camarade j'avais entendu les candidats toulousains débiter des sarcasmes très peu aimables pour les élèves de Perpignan : c'est surtout à titre de réparation pour ma ville natale que la démarche de M. Monge et sa déclaration me transportèrent de joie. »

En sortant de l'École polytechnique, Arago entra à l'observatoire comme secrétaire du *Bureau des longitudes*. C'était alors le *Bureau* qui désignait le directeur de l'observatoire. Il n'y avait pas, comme aujourd'hui, un conseil d'administration. Bouvard était directeur, et Laplace président du Bureau.

Trois ans après, en 1806, sur la recommandation de Monge, il fut adjoint à Biot pour aller mesurer l'arc de méridien compris entre Barcelone et les îles Baléares. Cet arc était le prolongement de celui qui avait été compris entre Dunkerque et Barcelone, déjà mesuré par Delambre et Méchain. De ce dernier on avait déduit la longueur du degré et celle du mètre, bien qu'il eût dû être prolongé jusqu'aux îles, afin que le 45° degré de latitude en occupât le milieu. Il est démontré que la longueur des degrés déduite de la mesure de cet arc est indépendante de l'aplatissement du globe. Le système métrique était donc fondé lorsque Biot et Arago entreprirent la mesure de l'arc prolongé, qui ne devait plus dès lors servir qu'à contrôler les opérations antérieures. Arago se trouvait à Majorque en 1808, lorsque la guerre éclata entre la France et l'Espagne. Les habitants du pays, le prenant pour un espion, voulaient lui faire un mauvais parti. Il fut sauvé par un capitaine de navire qui, pour le soustraire à la fureur populaire, le fit enfermer dans la citadelle de Belver. On l'embarqua ensuite sur une frégate algérienne qui devait le ramener en France; malheureusement la frégate fut capturée par un corsaire espagnol. Le voilà prisonnier et interné au fort de Rosas, puis sur les pontons de Palamos. Libre de nouveau, il part pour la France; mais un mauvais génie semblait s'acharner après lui, et il ne put, comme autrefois Ulysse, rentrer dans sa patrie qu'après avoir longtemps erré et souffert toutes sortes de tribulations. Le navire qui le portait, chassé par la tempête, vint échouer vers Bougie. Le dey d'Alger le plaça sur un bateau pirate pour y remplir les fonctions d'interprète. Bientôt après, sur l'intervention du consul français à Alger, il fut rendu à la liberté, et revint enfin en France en 1809. Chose assez extraordinaire, après tant de traverses, il n'avait pas perdu ses manuscrits.

L'Académie des sciences voulut en même temps reconnaître le mérite des travaux du jeune astronome et lui tenir compte des circonstances pénibles dans lesquelles ils avaient été accomplis. Arago avait d'ailleurs à son actif, dès cette époque, des études importantes d'optique et d'astronomie physique. Aussi, bien qu'il n'eût que vingt-trois ans, l'Académie l'admit parmi ses membres presque à l'unanimité. En même temps il était nommé professeur d'analyse et de géodésie à l'École polytechnique, fonction qu'il devait remplir pendant plus de vingt ans.

Arago n'avait pas complètement satisfait à la loi militaire. Il semblait qu'on dût lui tenir compte et de ses services comme savant et de sa captivité. Mais le général Mathieu Dumas voulait absolument le faire partir comme conscrit, ne comprenant pas qu'Arago rendrait plus de services à sa patrie comme savant que comme soldat. Devant une insistance aussi peu intelligente, Arago déclara qu'il se rendrait au lieu de réunion des conscrits en costume de membre de l'Institut. Il ne fallut rien moins qu'une pareille menace pour faire capituler le général.

C'est en 1813 qu'il fonda le cours d'astronomie populaire qui est resté dans les esprits comme le modèle des leçons de science vulgarisée. Il le continua pendant trente ans environ et toujours avec le même succès. Tous ceux qui l'ont entendu s'accordent à reconnaître qu'il parlait facilement, mais surtout avec beaucoup d'ordre et une grande clarté. Non seulement il exposa les travaux de ses illustres devanciers, mais encore ses propres découvertes. Les leçons avaient lieu à l'observatoire, dans un vaste amphithéâtre qui n'existe plus et qui était toujours trop petit pour la foule des auditeurs enthousiastes, bien qu'il pût contenir de six à sept cents personnes.

A la mort de Fourier, en 1830, Arago succéda à ce savant comme secrétaire perpétuel de l'Académie des sciences. Ses qualités de professeur modèle devaient lui servir dans ces nouvelles fonctions. Il fut un secrétaire remarquable, grâce à une rare faculté d'assimilation. Il dépouillait la correspondance avec une grande aisance, analysait rapidement les travaux, mettant en relief les points essentiels. C'était, en un mot, un vulgarisateur éminent. La tradition s'est conservée dans le monde savant de la mémorable séance où il fit con-

Vue d'Alger.

La vue est prise de la mer. La ville se développe en amphithéâtre. Une longue terrasse règne sur le bord de la mer.

naître l'invention du daguerréotype à l'Académie des sciences, où les échos de sa voix chaude et vibrante se répercutèrent au dehors. Il aimait la science pour elle-même et ressentait à chaque découverte un vive émotion. Les jeunes gens qui se vouaient aux recherches scientifiques trouvaient auprès de lui l'accueil le plus bienveillant. Il les encourageait, les conseillait, les dirigeait. On sait avec quel enthousiasme il parla de la découverte de Neptune, que Le Verrier avait trouvé, disait-il, « au bout de sa plume ».

Il fut l'ami de tous les savants illustres de son temps, fit partie de toutes les académies et reçut toutes les distinctions honorifiques.

Les nombreux écrits qu'il a laissés, les remarquables découvertes qu'il a faites, donnent une idée de la prodigieuse fécondité et de la puissance de son esprit. Nous possédons de lui plus de cinq cents mémoires, rapports ou notices, parmi lesquels près d'une centaine sont consacrés à l'exposé de ses propres découvertes. On lui doit la démonstration de ce fait que la vitesse de la lumière varie avec le milieu où elle se propage. Il fit connaître la polarisation colorée, donna un moyen de mesurer l'intensité de la lumière, mesura les diamètres des diverses planètes, découvrit l'aimantation par les courants, le magnétisme de mouvement, les excursions limites de l'aiguille aimantée, etc.

Après la révolution de 1830, nous le voyons avec regret entrer dans la vie politique, car la science devait naturellement y perdre. Il fut député des Pyrénées-Orientales et siégea à l'extrême gauche. Il parla sur un grand nombre de questions touchant aux sujets les plus divers. Il fut président du conseil général de la Seine jusqu'en 1849; à la suite des événements de 1848, il fit partie du gouvernement provisoire et fut ministre de la guerre et de la marine. C'est alors qu'il signa l'acte par lequel l'esclavage était aboli dans nos colonies.

Les luttes politiques et les tristes événements dont il fut le témoin brisèrent sa vigoureuse constitution et éteignirent sa belle intelligence. Il mourut le 2 octobre 1853, à l'âge de soixante-sept ans. Comme Galilée, il avait perdu la vue quelque temps avant sa mort.

LE MAGNÉTISME DE ROTATION

En 1825, Arago avait commandé une boussole à l'habile constructeur Gambey. Il en surveillait l'exécution, en examinait tous les détails avec un soin jaloux, se réjouissant à la pensée des observations dont l'appareil allait être l'objet. La boussole terminée, on la porta à l'École polytechnique, où professait Arago. L'aiguille librement suspendue à un fil de soie étant écartée de sa position d'équilibre, Arago fut on ne peut plus surpris de ne lui voir exécuter que quelques oscillations peu étendues, au lieu d'un grand nombre de lentes oscillations. Or le support était tout naturellement en cuivre ; le fer avait été évité avec soin. Arago crut que le cuivre contenait du fer qui, exerçant une attraction sur l'aiguille, en paralysait les mouvements. Pourtant le cuivre avait été soumis à l'analyse par Berthier, qui n'y avait trouvé aucune trace de fer. Sortant de son cabinet, il entre dans le laboratoire de Dumas, qui était voisin. « La chimie, dit-il sans préambule à Dumas, ne peut donc pas reconnaître la présence du fer dans le cuivre ? — Comment! répondit Dumas, rien n'est plus aisé. — Eh bien, dit Arago, l'aiguille aimantée révèle la présence du fer que l'analyse chimique ne peut pas découvrir. » Il raconta alors à Dumas les faits qu'il venait d'observer. Dumas demanda à Gambey un fragment du cuivre employé à la construction de la boussole, l'analysa et, comme Berthier, le trouva exempt de fer.

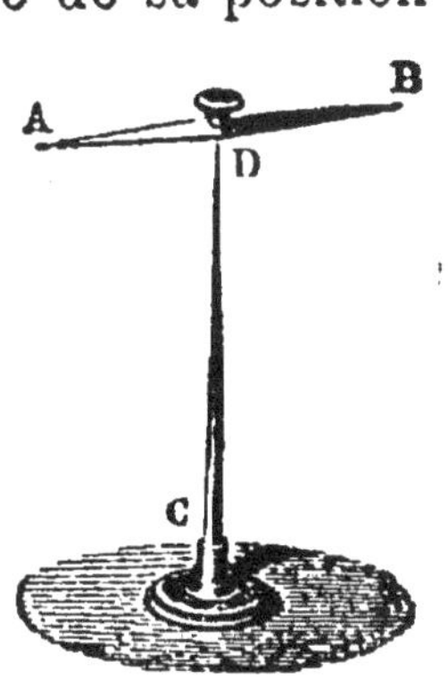

Aiguille aimantée.

L'aiguille AB est posée sur le support CD, de manière à pouvoir tourner librement autour du point D.

Voici qu'en renouvelant et en variant ses expériences,

Arago s'aperçut que lorsque l'aiguille était isolée elle reprenait sa liberté de mouvement; elle n'était paresseuse que dans le voisinage du cuivre et se déplaçait alors difficilement, comme si elle eût été dans un liquide ou dans un milieu assez dense pour gêner ses mouvements.

Boussole de déclinaison.

Le cercle gradué HH' est enfermé dans la caisse cylindrique A. L'aiguille aimantée peut tourner autour du centre du cercle. Les montants B, B' supportent l'axe FF' qui porte la lunette L. Un niveau à bulle d'air O permet de s'assurer de l'horizontalité de FF'. CC', cercle gradué qui peut tourner autour de son centre. — Avec la lunette, on vise un astre connu, à l'aide duquel on trouve ensuite le méridien terrestre. L'aiguille fournit la direction du méridien magnétique

Sa première pensée avait été, comme on l'a vu, qu'il existait dans le cuivre un peu de fer que la chimie était impuissante à retrouver et dont l'aiguille révélait la présence. Il changea d'opinion quand il eut renouvelé l'expérience en plaçant une aiguille immobile sur son pivot vertical au-dessus d'un disque de cuivre qu'il fit tourner autour de son centre. Dans ces nouvelles conditions on voit effectivement, dès que le disque est mis en mouvement, l'aiguille s'ébranler aussi comme si elle hésitait à se mouvoir, puis se mettre résolument en marche dans le sens du mouvement du disque. Ce dernier paraît l'entraîner avec lui comme si elle lui était attachée par un lien matériel.

Comme on pouvait alléguer que le mouvement de la couche d'air en contact avec le disque était la cause de l'entraînement de l'aiguille, Arago sépara le disque de l'aiguille au moyen d'une cage de verre, et vit le phénomène se produire comme auparavant. Le magnétisme de rotation était découvert.

A cette époque on ignorait encore les phénomènes dus

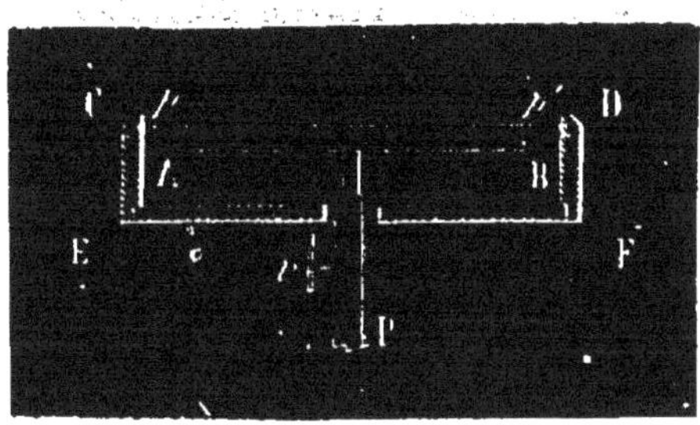

Une partie de l'appareil destiné à mettre en évidence le magnétisme de rotation.

Le disque AB repose sur le support P, et peut tourner rapidement. Il est enfermé dans une boîte représentée en coupe par CEDF. — *pp'* est une feuille de papier ou une lame de verre qui ferme la boîte. Au-dessus, à une petite distance, se trouve l'aiguille, qui n'est pas figurée ici.

à l'induction, et le fait découvert par Arago ne fut complètement expliqué que quelques années après. On sait aujourd'hui que lorsque les divers points du disque sont amenés successivement en regard des pôles de l'aiguille il s'y développe des courants attractifs et d'autres répulsifs dont les effets s'ajoutent de manière à déterminer la rotation de l'aiguille dans le sens du mouvement du disque.

*
* *

Foucault devait donner une suite à la mémorable expérience d'Arago : au lieu de laisser l'aiguille docile suivre le mouvement d'entraînement du disque, il lui substitua un puissant électro-aimant fixe. Entre les branches de cet électro-aimant il plaça le disque de cuivre. Tant que l'électro-aimant n'est pas en communication avec les pôles de la pile, le disque, mis en mouvement, peut tourner avec une grande rapidité entre les branches de fer. Mais dès que la communication est établie et transforme le fer à cheval en un aimant puissant, le disque s'arrête. Il y a donc en apparence un travail perdu ; le mécanisme qui détermine la rotation du disque devient impuissant, mais le travail reparaît sous forme de chaleur; le disque immobilisé s'échauffe de plus en plus, jusqu'au point de devenir brûlant.

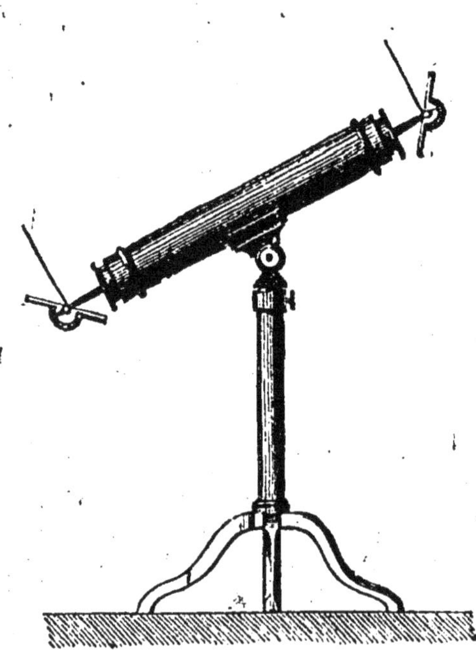

L'AURORE BORÉALE

ET L'AIGUILLE AIMANTÉE

Babinet raconte qu'étant un soir à l'observatoire, il fut témoin du fait suivant : « Un savant allemand, M. Fiedler, qui s'occupait aussi de l'exploitation des mines pour le compte de compagnies industrielles établies en diverses parties du globe, dit à Arago qu'il pourrait lui fournir la date d'une très brillante aurore boréale par lui observée sous le cercle polaire. « Attendez, dit Arago, « je vais chercher mes registres, et si vous voulez bien « écrire, en m'attendant, la date de votre observation, « nous jugerons sans incertitude de la coïncidence des « perturbations de l'aiguille de Paris avec l'aurore boréale de la Norvège. » Après le départ d'Arago, M. Fiedler écrivit, je crois, la date du 1er au 2 janvier 1825.... Je lui demandai naturellement s'il était bien sûr de cette date. « Oh ! parfaitement, répondit-il, car à ce jour et à « cette heure il s'est passé un événement d'une grande « importance pour moi, et qui ne me permet pas d'oublier cette date. »

« Quelques instants après, M. Arago arriva avec son registre d'observations, et nous y trouvâmes qu'à la date écrite par M. Fiedler l'aiguille aimantée de l'observatoire de Paris avait été agitée de mouvements extraordinaires de plusieurs minutes d'amplitude. »

*
* *

Avant que l'aurore se produise, elle est annoncée par les agitations des aiguilles aimantées sur tous les points du globe, quelque éloignés qu'ils soient des pôles, et ces agitations ne cessent qu'avec le phénomène.

Semblable au baromètre, dont les oscillations traduisent en petit les mouvements considérables des couches atmosphériques, l'aiguille aimantée révèle les phénomènes électro-magnétiques du globe. Mais tandis que le baromètre indique un ébranlement local qui se passe au-dessus de la région de l'observation ou dans les environs immédiats, l'aiguille annonce un phénomène qui embrasse la terre entière.

*
* *

Humboldt décrit ainsi l'*aurore boréale* : « A l'horizon, vers le méridien magnétique du lieu, dit-il, le ciel, d'abord pur, commence à se rembrunir ; il s'y forme une sorte de voile nébuleux qui monte lentement et finit par atteindre une certaine hauteur (8 ou 10 degrés). A travers ce segment obscur, dont la couleur passe du brun au violet, on voit les étoiles comme à travers un épais brouillard. Un arc plus large, mais d'une lumière éclatante, d'abord blanc, puis jaune, borde le segment obscur. Le point le plus élevé de l'arc lumineux n'est pas situé dans le méridien magnétique, mais s'en écarte peu.

« Quelquefois l'arc lumineux paraît agité, pendant des heures entières, par une sorte d'effervescence et par un continuel changement de forme, avant de lancer des rayons et des colonnes de lumière qui montent jusqu'au zénith. Plus l'émission de la lumière polaire est intense, et plus vives en sont les couleurs, qui, du violet et du blanc bleuâtre, passent, par toutes les nuances intermédiaires, au vert et au rouge purpurin. Il en est de même des étincelles électriques : elles ne se colorent que si la tension est forte et l'explosion violente.

« Tantôt des colonnes de lumière paraissent sortir de l'arc brillant, mélangées de rayons noirâtres sembla-

Une aurore boréale.

bles à une fumée épaisse; tantôt ces mêmes colonnes s'élèvent simultanément en différents points de l'horizon et se réunissent en une mer de flammes dont aucune peinture ne saurait rendre la magnificence, car à chaque instant de rapides ondulations en font varier la forme et l'éclat. A certains moments l'intensité de cette lumière est telle qu'on la peut apercevoir en plein soleil; le mouvement, en effet, semble la rendre plus visible.

« Autour du point qui répond, dans le ciel, à la direction de l'aiguille aimantée, les rayons paraissent se rassembler et former alors ce qu'on nomme la *couronne,* sorte de dais céleste d'une lumière douce et paisible. Il est rare que l'apparition soit aussi complète et qu'elle se prolonge jusqu'à la formation de la couronne; mais quand celle-ci paraît, elle annonce toujours la fin du phénomène. Les rayons deviennent alors plus rares, plus courts et moins vivement colorés. La couronne et les arcs lumineux se dissolvent, et bientôt on ne voit plus sur la voûte céleste que de larges taches nébuleuses immobiles, pâles ou d'une couleur cendrée; elles ont déjà disparu que les traces du segment obscur persistent encore à l'horizon. Enfin il ne reste souvent, de tout ce beau spectacle, qu'un faible nuage blanchâtre à bords déchirés. »

*
* *

L'aurore australe a été observée assez souvent, moins toutefois que l'aurore boréale. Lorsque le phénomène est général et s'étend aux deux pôles, ce ne sont que les deux parties d'un phénomène unique. Au sud comme au nord, les mêmes phases se reproduisent et dans le même ordre, mais l'aurore australe n'a ni l'éclat ni les couleurs de l'aurore boréale; sa lumière paraît d'une blancheur uniforme.

L'aurore est sans doute la fin d'un phénomène; elle

résulte d'une décharge de l'électricité accumulée dans l'atmosphère par les courants terrestres. Elle ne se produit pas, en effet, dans un lieu déterminé du globe : ses effets, apparents ou non, s'étendent sur la sphère entière; l'électricité rassemblée aux pôles magnétiques se répand en nombreux effluves très lumineux surtout dans l'obscurité des pôles. La déperdition des électricités contraires dans les régions élevées de l'espace ou leur neutralisation dans l'atmosphère terminent cette sorte d'orage électro-magnétique.

Foucault.

FOUCAULT (Léon) naquit à Paris le 18 septembre 1819. Son père, qui était éditeur à Paris d'abord, était allé ensuite s'établir à Nantes. C'est dans cette dernière ville que Foucault passa ses dix premières années. A la mort de son père, il revint à Paris avec sa mère.

Jusqu'alors Foucault n'avait fréquenté que l'école primaire. Sa mère le mit au collège Stanislas, peu éloigné de la maison qu'il habitait. On peut dire qu'il a vécu toute sa vie dans cette maison à partir de l'âge de dix ans, car il n'entreprit aucun voyage et ne s'éloigna jamais beaucoup de Paris. Nous sommes tous plus ou moins enclins à vivre dans le même lieu, sous le même toit, entourés des mêmes objets. Un petit nombre seulement, las de leur trou, comme la tortue de la fable, veulent voir du pays et reviennent volontiers au lieu natal. Il faut se garder de l'un et l'autre excès : un séjour unique n'est sain ni pour le corps ni pour l'esprit.

Foucault ne fut pas un brillant élève : il avait peu de penchant pour l'étude; rien ne l'attirait de tout ce qui est abstrait. Au contraire, les arts mécaniques avaient pour lui beaucoup d'attraits. Aussi, lorsqu'il eut, tant bien que mal, terminé ses études, il se livra à ses goûts, fréquenta les laboratoires et les ateliers, s'occupant de travaux manuels et s'intéressant aux machines.

Il accepta d'être le préparateur du docteur Donné au cours libre de microscopie fait par cet aimable savant, devenu plus tard recteur de l'Académie de Montpellier, et qui rédigeait alors le feuilleton scientifique au *Journal des Débats*. Foucault se signala dans ces modestes fonctions, où son génie inventif pouvait déjà se montrer. Il apportait des modifications heureuses, soit dans les détails des appareils, soit dans les dispositions des objets à observer.

Bientôt le docteur Donné lui légua sa situation de rédacteur aux *Débats*. Foucault avait alors vingt-cinq ans et ne possédait qu'un léger bagage de science et d'érudition. Il avait pour lui un esprit ingénieux, créateur; c'était un génie mécanique, si l'on peut parler ainsi, qui devait tout tirer de son propre fonds. Néanmoins ses articles furent remarqués. Le style était sobre, ferme, quelquefois acéré, et nullement banal. Lui qui n'avait encore rien produit, il jugeait les œuvres des savants, et si parfois sa critique était incisive, son jugement était sain.

Son association avec M. Fizeau fut des plus heureuses : ils réalisèrent de remarquables expériences sur les interférences lumineuses, mesurèrent directement, par un procédé des plus ingénieux, la vitesse de la lumière, et contrôlèrent ainsi les résultats obtenus autrefois indirectement par Rœmer. Foucault inventa encore le gyroscope, puis une méthode pour fabriquer les miroirs de télescope, un régulateur pour la lumière électrique, etc. Tout problème de mécanique le tentait, et particulièrement ceux de mécanique pratique; il s'y donnait tout entier et ne l'abandonnait pas qu'il ne l'eût résolu

Jamais aptitude ne fut plus marquée : elle était presque aussi sûre et aussi fatale que l'instinct.

Il fut élu membre de l'Institut en 1865.

On comprend qu'il avait mis son intelligence à une rude épreuve en lui imposant des efforts considérables sans l'aide des connaissances théoriques que réclamait la grandeur de ses conceptions. Une pareille tension d'esprit devait, tôt ou tard, entraîner comme conséquence des troubles cérébraux. Il en fut victime et mourut le 13 février 1868, âgé de quarante-neuf ans seulement.

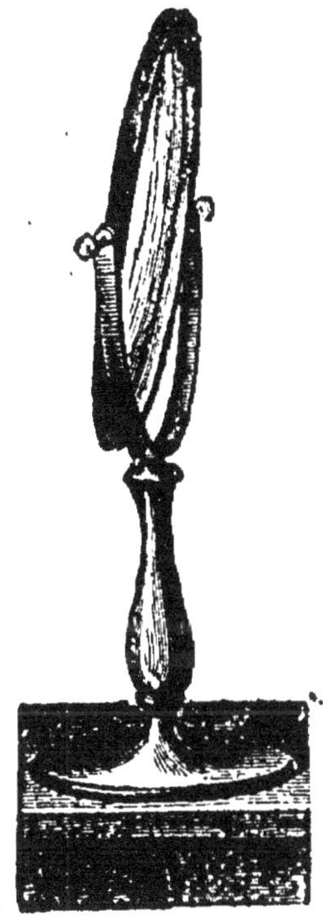

PREUVE DU MOUVEMENT DE LA TERRE

Si la Terre tourne sur elle-même, comment se fait-il que nous ne la sentions pas tourner? Telle est la première question qu'on se pose. Il est aisé d'y répondre : pour sentir la Terre tourner il faudrait qu'à certains moments elle fût immobile; autrement, comment faire la différence entre la Terre en repos et la Terre en mouvement? Or, depuis que nous l'habitons, elle a toujours tourné, et nous avec elle, car nous partageons tout naturellement son mouvement.

Mais puisque nous sentons le mouvement d'une voiture dans laquelle nous nous trouvons, pourquoi n'en est-il pas de même du mouvement de la Terre? Parce que la voiture roule sur un sol plus ou moins raboteux et qu'il en résulte des cahots plus ou moins rudes. Aussi le mouvement est-il d'autant moins sensible que la route est plus unie et la voiture mieux suspendue. En chemin de fer, par exemple, il arrive souvent qu'au départ ou à l'arrivée, la marche étant relativement lente et par suite le mouvement très doux, on attribue à un train voisin et immobile le mouvement de celui où l'on se trouve, et tandis que le premier marche dans un sens, on croit que c'est l'autre qui va en sens contraire. L'illusion est plus complète encore si l'on descend un cours d'eau dans un bateau que le courant seul entraîne : il semble que ce sont les rives qui fuient.

Si donc on ne s'aperçoit du mouvement d'un véhicule qu'autant qu'il rencontre des obstacles contre lesquels il se heurte, on ne saurait sentir le mouvement de la Terre, laquelle est isolée dans l'espace et dès lors tourne librement sans frottement.

Une autre question se pose. Si l'on ne sent pas la

Terre tourner, comment sait-on qu'elle tourne? — Par le raisonnement. Nous continuons à dire que le Soleil se lève et se couche chaque jour; on parle de la marche du Soleil et on n'ignore pas que le Soleil est immobile. Il n'y a donc pas lieu d'être étonné qu'on ait cru longtemps que le Soleil et tous les corps célestes tournaient autour de la Terre immobile. Tout le monde aujourd'hui admet que la Terre se meut, que les mouvements des astres ne sont que des apparences, comme celui des rives dans l'exemple cité plus haut; mais tandis qu'on s'assure facilement que le bateau est en mouvement et que l'illusion ne persiste pas, c'est sur la foi des astronomes au contraire qu'on croit au mouvement de la Terre, ainsi qu'on va le voir par les preuves que nous allons donner. Il convient d'abord de décrire les mouvements apparents avant de prouver qu'ils sont apparents.

*
* *

Chaque jour le Soleil se *lève* et se *couche*, c'est-à-dire que nous le voyons apparaître en un point de l'horizon et disparaître en un autre, absolument comme s'il sortait de la Terre et y rentrait. De son lever à son coucher il semble décrire une demi-circonférence, s'élevant d'abord progressivement jusqu'au point le plus haut de sa route, puis descendant graduellement jusqu'au point où il se couche. La Lune est animée du même mouvement.

On connaît moins le mouvement des étoiles, bien qu'il ne soit pas plus difficile à observer; les étoiles sont en effet relativement très petites, et leur mouvement se produit pendant la nuit. On peut aussi les voir se lever, décrire leur courbe et se coucher. Il suffira d'en distinguer une en particulier, plus brillante que ses voisines, de se placer de manière à la voir dans l'alignement d'un objet terrestre, comme la cimed 'un arbre ou le bord d'un toit, qui servira de repère. On la verra alors se déplacer;

au bout de quelques instants elle ne sera plus dans l'alignement. Elle continuera à s'éloigner et décrira, dans cette marche apparente, un arc de cercle plus ou moins étendu selon la place qu'elle occupe dans le ciel.

Elle ne se meut pas seule dans le Ciel : les étoiles voisines l'accompagnent dans son mouvement. Leurs positions relatives ne sont pas changées, ni la forme des constellations. En un mot, c'est le Ciel tout entier qui semble se déplacer, comme une immense voûte sur laquelle les étoiles seraient fixées

Aspect d'une partie du ciel.
On voit une partie de la voie lactée et de nombreuses étoiles.

Toutes les étoiles n'ont pas un lever et un coucher ; il en est qui décrivent des cercles complets, les uns très petits, d'autres plus grands et concentriques. On est donc autorisé à penser que celles qui ne décrivent qu'une portion de circonférence, de la même manière que le Soleil et la Lune, achèvent leurs cercles au-dessous de notre horizon, et par conséquent que toutes décrivent des cercles.

Pendant longtemr ces mouvements ont été regardés comme réels, et d . premier abord rien ne peut faire soupçonner qu'il en soit autrement. Les apparences sont en effet les mêmes, qu'on admette le Ciel tournant autour de la Terre supposée fixe, ou la Terre tournant sur elle-même en sens inverse de la rotation du

Ciel. Il est donc permis à première vue de croire indifféremment au mouvement de la Terre ou à celui du Ciel. Voyons lequel des deux est le plus vraisemblable

*
* *

Admettre que le Soleil tourne autour de la Terre, c'est faire tourner une masse énorme autour d'un grain de sable. Autant dire qu'un homme pourrait faire tourner une montagne à l'extrémité d'une ficelle en guise de fronde.

A plus forte raison ne peut-on supposer que les étoiles en nombre infini qui peuplent le ciel — et qui sont autant de soleils distribués dans l'espace — non seulement tournent autour d'un grain de sable comme la Terre, mais présentent dans leurs mouvements une telle concordance que, malgré la variété infinie des distances et des grandeurs, leurs positions relatives restent les mêmes.

Nous pourrions ajouter d'autres raisons, mais celles qui précèdent nous semblent suffire[1]. Car si les apparences restent les mêmes, soit qu'on admette le mouvement du Ciel autour de la Terre ou celui de la Terre sur elle-même, il ne s'agit plus que de décider entre deux explications, l'une simple, claire et qui rend facilement compte de tous les phénomènes, l'autre compliquée, invraisemblable et obscure sur bien des points.

*
* *

A toutes ces preuves, qu'on peut appeler indirectes, de la rotation de la Terre, Foucault en ajouta une qui, pour n'être pas directe, présente un caractère de certi-

1. Voir dans les *Premières Notions de physique* les chapitres consacrés au *pendule* et au *vent*.

tude différent. Elle repose sur un principe de mécanique qu'on énonce ainsi : le plan dans lequel oscille un pendule est invariable. Si l'on prend un fil à plomb

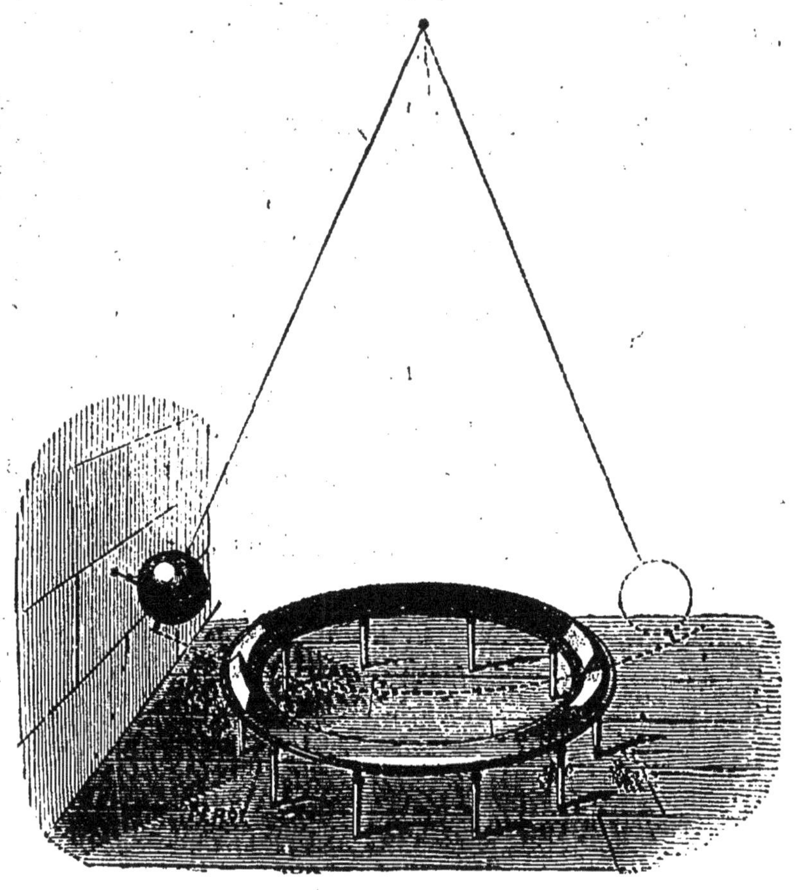

Disposition du pendule de Foucault.

A gauche, lien qui retient la boule, et qui doit être brûlé pour que le pendule se mette en marche sans qu'il en résulte d'ébranlement. — Les lignes ponctuées figurent le trajet suivi par l'extrémité du pendule.

formé d'un fil très délié à l'extrémité duquel on a suspendu une sphère pesante, et qu'on l'écarte de sa position d'équilibre pour le laisser osciller librement à la manière d'un balancier d'horloge, le plan dans lequel se balance le pendule ou le fil à plomb est invariable, c'est-à-dire que ce plan conserve la même direction. Or, si l'on fait l'expérience, on voit au contraire ce plan changer à chaque instant par rapport aux objets environnants. Le déplacement n'a pas lieu tantôt d'un côté tantôt de l'autre, mais toujours du même côté. En outre, il se fait d'une manière toujours égale dans les diverses expériences, et d'une manière uniforme aux divers moments d'une même expérience. Si, par exemple, on exécute l'expérience avec plusieurs pendules, on voit tous les plans d'oscillation s'écarter de leur position primitive d'un même angle au bout d'un même temps, et se déplacer tous du même côté. L'écart n'est donc pas la conséquence d'un accident.

Si, comme la théorie le démontre, le plan d'oscillation est invariable, nous sommes le jouet d'une illusion quand nous croyons voir la Terre immobile, illusion analogue à celle qui nous porte à voir dans les rives fuyantes d'un cours d'eau le mouvement en sens contraire du bateau qui nous entraîne. En réalité le plan semble se déplacer, tandis que c'est la Terre qui se meut. Le mouvement du pendule commençant dans le plan méridien, c'est-à-dire du nord au sud, se déplace toujours de l'orient vers l'occident, en sens contraire du mouvement de la Terre. Nous avons là une preuve quasi-directe de la rotation de la Terre.

*
* *

Lorsque pour la première fois, en 1850, Foucault conçut sa mémorable expérience, il fit un premier essai dans sa maison, au coin de la rue d'Assas et de la rue de Vaugirard. Il installa un pendule à l'étage inférieur, et, n'osant attendre sur place le résultat de l'expérience, il gagna l'étage supérieur. Il y était depuis quelque temps quand la peur le prit : il n'osait plus descendre, dans la crainte de ne pas voir se confirmer ses justes espérances. Enfin il reprit courage, descendit lentement, sentant son cœur frapper sa poitrine à coups redoublés. Quelle ne fut pas sa joie en voyant le pendule inconscient lui révéler la rotation du globe!

. . . .

En 1851 on pouvait voir, sous la coupole du Panthéon, osciller un pendule formé d'un fil d'acier long de 67 mètres, supportant une boule de cuivre du poids de 28 kilogrammes. Une pointe fixée à la boule, sur le prolongement du fil, écornait, au terme de chacune des excursions, deux petits tas de sable ayant chacun la forme d'un pignon. On suivait ainsi facilement l'action régulière et continue de la pointe et le déplacement apparent du plan d'oscillation conformément aux prévisions.

TABLE DES MATIÈRES

SOCIÉTÉ ANONYME D'IMPRIMERIE DE VILLEFRANCHE-DE-ROUERGUE
Jules BARDOUX, Directeur.

IMP. NOIZETTE, 8, RUE CAMPAGNE-PREMIÈRE, PARIS.

www.ingramcontent.com/pod-product-compliance
Ingram Content Group UK Ltd.
Pitfield, Milton Keynes, MK11 3LW, UK
UKHW020336230726
13925UKWH00002B/820

9 782013 564243